KB144224

중국의
과학문명

중국의 과학문명

中国の科学文明

야부우치 기요시
전상운 옮김

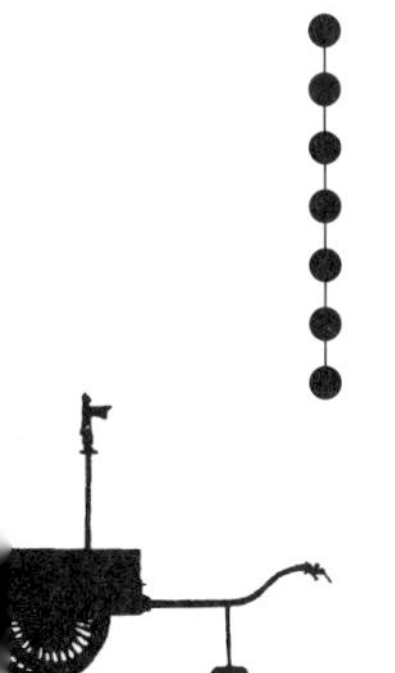

일러두기

이 책은 1997년 (주)민음사에서 출간된 과학사총서 시리즈 3권인
『중국의 과학문명』을 (주)사이언스북스에서 복간한 것입니다.

〈과학사총서〉에 대하여

최근 우리 나라에서는 여러 가지 이유에서 과학사(科學史) 분야에 대한 관심이 증대되고 있다. 그러나 국내에서 접할 수 있는 이 분야의 도서는 아직도 개론의 교과서들이나 흥미 위주의 〈뒷이야기〉들이 주종을 이루고 있다. 물론 이런 유의 책들이 일반 독자들에게 흥미 있는 읽을 거리를 제공하고 아직 초기 단계에 있는 과학사 분야에 관심을 불러 일으키는 역할을 하고 있기는 하지만, 다른 한편으로는 실제 역사상 나타나는 과학, 과학자, 과학 활동의 모습을 지나치게 단순화시키거나 왜곡시킨 것도 사실이다. 우리 독서계가 언제까지나 이런 상황에만 머물러 있을 수는 없다. 특히 사회에서의 과학의 위치가 점점 중요해져가고, 그에 따라 과학이라는 것의 성격, 위치, 역할, 의의 및 그 역사에 대한 보다 깊은 이해가 요구되는 상황에서, 이제는 과학사의 학문적 업적들이 담긴 본격적인 도서들의 출판이 필요해진 것이다. 그리고 그러한 책들의 출판도 그때 그때 개별 도서에 대한 일시적 관심이나 의욕에 의할 것이 아니라 장기적인 계획과 구상에 바탕할 것이 요구되게 되었다. 〈과학사 총서〉는 이같은 요구에 따라 기획되었다.

그러나 〈과학사 총서〉가 과학사 분야의 전문 독자만을 대상으로 하는 것은 결코 아니다. 과학사는 분야 자체의 성격상 광범위한 계층의 다양한 흥미의 대상이 되지 않을 수가 없으며, 아직 과학사가 학문적인 뿌리를 내리지 못한 우리 나라의 실정에서 전문 독자만을 대상으로 한다는 것은 바람직한 일도 아니다. 일반 독자들을 비롯해서, 직접 과학에 종사하면서 자신들의 분야의 역사에 관심을 가지는 과학자들이나 역사, 철학 및 여러 사회과학 분야에 종사하면서 문화적·사회적 현상으로서의 과학의 역사에 관심을 지니는 학자들에게도 〈과학사 총서〉가 도움이 될 수 있어야 할 것이다. 따라서 〈과학사 총서〉에 포함될 도서의 선정은 그 같은 점들에 유의하여, 과학사 분야의 그간의 본격적인 학문적 업적을 반영하면서 비교적 넓은 독자층의 관심 대상이 되는 주제들을 균형있고 평이하게 다룬 책들을 대상으로 했다.

〈과학사 총서〉의 첫 두권의 나온 지 5년이 지났다. 그리고 처음 계획 대로라면 벌써 10여 권이 나왔어야 될 기간 동안 후속 책의 출간이 끊긴 상태로 있었다. 그러나 그 동안 당초 위의 〈총서〉 기획 의도에서 밝혔던 필요는 더욱 절실해졌다. 앞으로 이러한 필요를 충족시킬 수 있는 책들을 계속 낼 것이고, 좋은 책들의 선정을 위해 학계와 독서계의 조언을 널리 구한다.

서양의 중세와 근대 과학을 다룬 처음 두 책에 이어 5년 만에 내는 세번째 책은 중국과학사 연구에 선구적 업적을 남긴 야부우치 교수가 중국과학사를 개괄한 『중국의 과학문명』이다. 한국 과학사의 선구적 연구자이자 야부우치 교수의 제자이기도 한 전상운 교수가 이 책을 번역한 것은 뜻깊은 일인데, 1974년에 초역하여 펴냈던 책을 이번에 다시 손질하여 내놓게 되었다.

1997년 1월

총서 편집인 金永植

옮긴이 서문

야부우치 기요시 교수는 세계적으로 널리 알려진 중국과학사의 권위자이다. 그는 특히 중국천문학의 연구로 뛰어난 업적을 쌓았다. 교토(京都) 대학 인문과학연구소에서 20년 이상을 과학사연구실과 중국과학사 연구 그룹을 이끌어 온 그는 이제 91세의 원로학자이지만 아직도 꾸준히 동아시아 과학사의 연구를 계속하고 있다. 그가 쌓은 중국과학사 연구의 오랜 학문적 전통은 그의 후계자들에 의하여 훌륭히 계승되어 야부우치 스쿨로 학계에 공헌하고 있다. 야부우치 스쿨은 영국 케임브리지의 니덤 스쿨과 중국 북경의 자연과학사 연구소와 함께 중국 및 동아시아 과학사 연구의 세 중심이 되어 21세기의 새로운 세계사 연구를 주도하는 그룹으로 활발한 학문적 활동을 계속하고 있다.

이 책은 그가 평생을 건 중국과학사 연구를 결산하여 간결하게 다듬은 계몽적 개설서이다. 그는 중국을 올바로 이해하는 길의 하나가 위대한 중국의 과학문명을 중심으로 한 역사를 통해서 중국을 바로 보는 데 있다고 했다. 일본 사람들이 오랜 옛날부터 중국에서 입은 수많은 은혜를 갚을 줄 모르는 현실을 안타까워하면서 이 책을 썼다고 했다.

중국은 5천 년의 오랜 역사 속에서 언제나 높은 문명을 쌓아올렸고, 근대에 이르기까지 과학기술에서도 세계의 선진국이었다. 그리고 지금 중국은 21세기의 새로운 강국으로 떠오르고 있다. 그것은 오랜 창조적 과학기술의 전통을 바탕으로 하고 있다. 그 중국의 위대한 과학문명의 역사를 올바로 알고, 중국을 이해하는 일은 한국인에게도 반드시 필요하다.

청동기시대로부터 중국과학은 한국의 과학기술 발전에 큰 영향을 미쳐왔다. 한국과학사를 제대로 이해하기 위해서도 이 책을 통해서 중국 전통과학의 새로운 이해가 이루어지기를 바라는 마음 간절하다.

이 책이 우리말로 이렇게 새로운 모양으로 출판되기까지 서울대학교 김영식 교수의 노고가 컸다. 따뜻한 감사의 마음을 전하고 싶다.

1997년 새해에 무너미골에서
전상운

한국어판 서문

현대 과학은 그 원류(源流)를 그리스 과학으로 거슬러 올라가 찾을 수 있으며, 16-17세기의 과학혁명을 거쳐 유럽에서 급속히 발달하였다. 오랜 문명을 자랑하는 중국은 이러한 근대화에 처져서 유럽 열강에 의한 침략 앞에 속수무책이었다.

그러나 지난 날의 중국에 유교와 같은 훌륭한 사상문화뿐만 아니라, 독특한 과학기술상의 발명, 발견이 있었다는 것을 간과해서는 안 된다. 인쇄술, 자석, 화약의 삼대 발명과 같은 것은 특기할 만한 것으로, 이러한 발명을 알게 됨으로써 유럽의 근세가 열렸다고 해도 과언이 아니다. 원래 이러한 발명은 특례라고도 말할 수 있는 것으로, 중국에서 이루어진 과학기술상의 다방면의 공헌은 높이 평가되어야 한다. 지금까지는 이러한 사실이 무시되고, 부당하게 중국에 대한 이해가 방해되어 왔다. 케임브리지 대학의 조셉 니덤 박사는 지금까지 구미 여러 나라에서 행해지고 있던 중국에 대한 몰이해를 해소하기 위해 큰 책을 저술하였다. 필자는 교토 대학 인문과학 연구소에서 수십 년 동안 중국의 과학기술사를 연구하면서 몇 가지 성과를 간행해 왔는데, 일반 독자에게도 이를 제공하기 위해서 이 작은 책에 정리하였다. 이 책이 중국에 대한 이해를 조금이라도 높이는 데 쓰이게 된다면 더

없이 기쁘겠다.

아편전쟁 이후, 중국은 구미 열강 앞에 오랫동안 고난의 길을 걸어왔다. 새 중국의 탄생과 함께 과학기술에 의해서 각종 산업의 현대화를 추진해 왔다. 한국도 과학기술의 발전에 의해서 아시아에서 선진국의 지위를 확립해 가고 있다. 한국에 있어서 중국은 이해와 협력을 구하고 싶은 이웃 나라이다. 중국을 이해하는 데 많은 도움이 되기를 바란다.

1996년 7월

야부우치 기요시

차례

제3장 신비사상 속에서

제4장 과학문명의 퍼짐

제5장 이슬람 문명과의 교섭

제1장

과학문명의 형성

1 선사시대

북경원인의 발굴

스웨덴의 지질학자 안데르손 J. G. Andersson은 1914년 북경(北京)에 와서 농상부의 지질조사국에서 일하였다. 새로 세워진 중화민국 정부에서는 국가 발전을 위해서 지하자원의 개발을 추진중이었는데, 안데르손의 연구는 그러한 지하자원의 개발뿐만 아니라 중국의 선사시대의 해명에도 힘을 기울이는 것이었다. 북경의 약종상들은 용골(龍骨)이라 불리는 고생물의 뼈를 팔았다. 그것을 산 안데르손은 이 뼈를 통해서 중국의 지질시대에 생존했던 고생물에 대한 연구를 하던 중 용골의 출토지로서 북경에서 남서쪽으로 50km 정도 떨어진 주구점(周口店)을 주목하게 되었다. 그래서 1918년 주구점을 답사하기 시작하였으며, 1923년 안데르손의 협력자 즈단스키 O. Zdansky가 거기서 처음으로 사람의 유골을 발견하였다. 그것은 겨우 이빨 하나에 불과하였으나 북경원인(北京原人, *Sinanthropus pekinensis*) 발견의 실마리가 되었다. 나중에 말하겠지만 중화민국이 수립된 후에도 중국인 과학자의 수준은 결코 높지 않았다. 메이지(明治) 초년에 외국인 학자에 의해 오모리(大

森) 패총이 발견됨으로써 일본의 선사학이 시작된 것과 같은 경우가 중국에서도 일어난 것이다. 이 발굴작업은 그 뒤 미국의 록펠러 재단 Rockefeller Foundation의 원조로 대규모로 벌어져 이빨뿐만 아니라 두개골까지도 발견하게 되었다. 1937년까지 40명의 인골의 일부를 발견하게 되어 북경원인의 존재는 이미 의심할 바 없는 사실이 되었다. 이 작업은 1949년에 세워진 새 정부 밑에서도 계속되어 더 나아가 넓적다리 뼈와 아랫다리 뼈도 발견되었다. 이렇게 발견된 북경원인은 지금부터 50만 년쯤 전의 플라이스토세(世)Pleistocene 중엽 무렵에 살았다. 그들은 이미 수렵생활을 하면서 잡은 것을 불에 구워 먹을 줄 알았다. 플라이스토세는 빙하시대로, 원인들은 심한 추위와의 싸움에서 견디지 않으면 안 되었다. 물론 그 원인(原人)은 오늘날의 호모 사피엔스*Homo sapiens*가 아니어서 두뇌도 매우 뒤떨어졌고 얼마 안 가서 멸종되어 자취를 감추고 말았다.

농경문명의 시작

빙하시대가 끝나고 인류가 생존하기에 알맞은 시대가 찾아왔다. 지질학적으로는 홀로세(世)Holocene라고 불리며 지금부터 1만 년 가량 전에 시작되는 시기이다. 인류가 어떻게 탄생했는지는 모르지만 호모 사피엔스와 함께 시작된 초기의 문명은 구석기시대라고 불린다. 화북(華北)의 여러 지역에서는 꽤 넓은 지역에 걸쳐서 구석기시대의 유적이 발굴되고 있다. 호모 사피엔스는 그 뛰어난 두뇌로 점점 새로운 석기를 만들어 농경문명을 쌓아 올렸다. 오늘날 중국 인구의 대부분을 차지하는 한(漢)족이 토기를 쓰고 농경생활을 하고 있던 당시의 유적을 처음으로 발견한 사람은, 바로 북경원인의 실마리를 잡은 안데르손이었다. 1918년 여전히 용골을 사모으고 있던 그는 하남성(河南省) 구지현(龜池縣)

앙소기의 채도(서안(西安) 반파(半坡) 출토)

앙소촌(仰韶村)에서 많은 마제석기가 출토되고 있는 것을 알았다. 그곳은 낙양(洛陽)의 서쪽 황하(黃河)에 가까운 곳이었는데, 그는 곧 그곳에서 발굴을 시작하여 신석기시대의 유물 속에서 보기 드문 도기의 파편을 찾아냈다. 1921년부터 앙소의 본격적인 발굴이 시작되었는데 여기서 나온 토기는 약간 붉은색을 띤 흙에 검은색과 붉은색으로 그려진 그림 무늬가 있는 아주 멋있는 것이었다. 채문토기(彩文土器) 또는 채도(彩陶)라고 불리는 것이 바로 이것이다. 이러한 채도가 소련령 중앙아시아나 동유럽에서도 발견되고 있어서 안데르손 등 외국인 학자는 앙소의 채도는 서방에서 전해 온 것이라고 단정했던 것이다. 그러고 보면 그 그림 무늬는 여러 모로 중국답지 않은 데가 있다. 유럽의 고고학자에 의해서 서방의 채도의 연대가 결정되어 있었으므로 그것이 중국에 전해지는 기간을 고려하여 앙소시대를 B.C. 2000년경이라고 추정했다. 그러나 이 연대는 그 후의 연구로 조금씩 수정되어 B.C. 2500년경에 시작되었다고 생각되고 있다.

중국의 채도 유적은 그 후의 발굴에 의하여 황하 유역을 따라 꽤 넓은 지역에 걸쳐 있다는 것이 알려졌다. 그 중 가장 오래된 것은 B.C. 3000년경까지 거슬러 올라갔다. 채도와 함께 조나 수수

앙소기의 주거지(서안 반파 발굴)

가 출토되었는데 앙소에서는 벼 껍질이 발굴되기도 하였다. 중국의 벼 재배는 주로 양자강(揚子江) 연안의 강남(江南)지대, 더 남쪽의 화남(華南)에서 행해지지만, 화북에서도 물이 충분한 땅에서는 예부터 수전(水田)이 있었다.

중국문명의 오래됨

채도를 쓰고 농경생활을 한 사람들은 함께 발굴된 인골(人骨)의 연구로 미루어볼 때 한족의 조상이었다. 지금부터 약 5,000년 전에 한족은 황하 유역에 정착하여 농경생활을 하였다. 그로부터 지금까지 5,000년이라는 오랜 기간 동안 하나의 민족이 살아오면서 높은 문명을 쌓아 올렸다. 그런 일은 세계 역사상 어느 곳에서도 찾아볼 수 없다. 바빌로니아, 이집트, 인도, 그리고 그리스 등 고대 문명을 쌓아 올렸던 민족은 멸망하거나 이민족과 섞여버려 초기의 민족은 그 자취를 감추었다. 오직 한족만이 오랜 역사를 통하여 계속 살아오고 있다. 더욱이 이 한족은 계속 발전하여 세계에서 셋째가는 영토를 갖게 되었고, 인구로는 세계 제일이 되었다. 또한 그 지리적인 환경으로 해서 외래 문명의 영향을 받는 일이 적고 매우 독특한 문명을 쌓아 올렸다. 그 중에는 세계 문명에 기여한 발명이나 발견도 적지 않았다. 중국문명은 여러 점에서 세계의 기적이라 해도 좋을 것이다.

2 청동기의 출현

용산기의 문명

채도에 의해서 대표되는 앙소기에 흑도(黑陶)를 수반하는 용산기(龍山期)의 문명이 나타난다. 1930년경 산동성(山東省) 역성현(歷城縣)의 용산진(龍山鎭)에서 많은 마제석기와 함께 환원염(還元焰)으로 구운 흑도가 발굴된 것이 용산기 명칭의 시작이다. 산화염(酸化焰)으로 구워진 채도가 처음으로 하남성에서 발견된 데 대해서 최초의 흑도는 황해에 가까운 산동성에서 출토되었다. 전혀 다르다고 생각되는 이 두 종류의 도기는 다른 문명을 가진 민족 소산이라고 생각된 일도 있었다. 전후의 대규모 발굴에 의해서 흑도는 화북의 각지에 산재되어 있다는 것이 알려졌지만, 몇몇 곳에서는 채도가 묻힌 지층 위에 흑도의 층이 나타나서 연대적으로 보아 용산기의 문명은 채도기에 이어 나타난 것이 확실해졌다. 흑도의 제작기술은 채도보다도 한 단계 더 진보하여 이미 물레가 쓰이고 있다. 전설에 의하면 요(堯)·순(舜)시대에는 제위를 세습하지 않고 덕망있는 인물을 뽑아서 물려주었다. 이러한 제위의 계승을 선양(禪讓)이라고 부른다. 순의 제위를 물려받은 것은 우(禹)였는데 우시대부터 제위는 아들이 물려받게 되어 하(夏)라는 왕조가 생겼다. 하 왕조의 존재는 아직 입증되지 않고 있지만 만일 이 왕조가 있었다고 하면 그 시대는 용산기에 해당할지도 모른다.

은 왕조의 문명

앙소기나 용산기의 문명에서는 아직 청동기가 쓰이지 않았다. 금속의 사용은 인간의 문명에 있어 최초의 큰 비약이라고 말할 수 있을 것이다. 전설에 의하면 하 왕조 말기에 걸(桀)이라는 폭군이 압정을 행하여 백성을 도탄에 빠뜨렸는데 그것을 멸망시킨 것이 은(殷) 왕조의 시조가 된 탕(湯)왕이었다. 이 은 왕조 시대에 와서 청동기가 출현한다. 더욱이 그 출현은 갑자기, 그리고 완전히 완성된 청동기로서 나타난다. 다음의 주(周)대에 들어서서도 청동기는 많이 만들어졌지만 은대에 만들어진 것이 한층 뛰어났다. 은의 유적으로서는 하남성의 안양(安陽)이 유명하다. 전쟁 전의 발굴에 의하여 여기서는 많은 갑골편(龜甲이나 牛羊骨)이 발굴되었고, 그것에 새겨진 문자 해독에 의하여 은의 역사가 많이 밝혀지게 된 것은 새삼스럽게 자세히 말할 필요조차 없을 것이다. 안양은 B.C. 13세기경에 반경(般庚)이 수도로 정하여 B.C. 11세기까지 역대 왕들이 살던 곳이다. 처음에는 은 왕조가 공통된 조상을 받드는 씨족사회로서 그 지배도 좁은 땅에 한정되었으나 점점 사방을 공략하여 은의 말기에는 화북의 넓은 영역에 그 지배권이 미치게 되었다. 정복된 사람들은 노예로 부려졌는데, 아마도 생산의 주요한 부분이 이들에 의하여 이루어졌다고 생각된다. 반경 이전에 은이 도읍으로 했던 곳으로 역시 하남성의 정주(鄭州)의 유적이 알려지게 되었다. 안양과는 달리 정주에는 튼튼한 성벽이 쌓여 있다. 성벽의 공법은 판축(版築)이라고 해서 양쪽에 판자를 세우고 그 속에 진흙을 넣어서 찧어 굳히는 것이었다. 남아 있는 부분으로 미루어보아 한 변이 2,000m에 가까운 정사각형으로 벽의 두께는 맨 위가 5m나 된다. 성 안에는 귀족을 중심으로 한 사람들이 살고 성 밖에는 농민들이 살았다. 그것은 그리스의 폴리스polis와 비슷했다. 성 밖에는 농민 이외에 기술자 집단이 살고 있어서 주동공장(鑄銅工場)이나 골기(骨器) 제작소, 제도소(製陶所)가 산재해 있었다. 또 성에서 3km쯤 되는 곳에는 술을 빚은 항아리들이 줄지어 있었다. 안양을 중심으로 한 은의 유적은 정주보다도 훨씬 넓어서 특히 장대한 능묘(陵墓)가 여러 개 발굴되고 있다. 많은 순장자가 묻혀 있는데, 그 중에는 노예라고 생각되는 사람도 볼 수 있다. 정주에서처럼 주동공장이 있고 능묘에서는 많은 청동기가 발굴되었다. 정주의 청동기에 비해서 한층 더 훌륭해지고 종류도 많다. 활촉이나 칼 같은 병기, 또 신(神)에게 음식물을 바치는 제기가 중심이 되어 있어 청동기의 농기구는 아직 알려져 있지 않다. 농업에는 여전히 석기가 쓰였던 것 같다. 물론 청동기가 귀중품이었지만, 화북의 건조지대에서는 땅속의 수분을 보존하기 위해서는 심경(深耕)이 오히려 해로웠기 때문에 금속제 경작기구가 없어도 그런 대로 해낼 수 있었던 것이다.

청동기의 제작

정주기(鄭州期)부터 출현한 은의 청동기가 어떻게 만들어지기 시작했는지는 전혀 알려져 있지 않다. 인류가 금속을 사용하게 된 것은 때마침 지표에서 찾아낸 자연동(自然銅)을 불에 달구어 두드려서 성형한 데서 비롯된다. 고대 문명 중에는 이집트와 같이 청동기 이전에 이러한 동기시대를 상정할 수 있는 경우가 있다. 그러나 중국의 경우는 동기시대를 뛰어넘어서 청동기시대가 출현하고 있다. 구리와 주석을 섞어 만든 청동은 연한 구리에 비

사모무정(안양 무관촌(武官村) 출토)

하여 훨씬 좋은 기물을 만들 수 있었다. 청동기의 병기(兵器)는 초기의 철기보다도 더 좋았다고까지 생각된다. 구리나 주석의 광석을 찾아내서 그것을 정련하여 다시 청동기를 부어 만드는 것을 고대의 중국인은 어떻게 알아냈을까? 은대의 청동기에는 사모무정(司母戊鼎)과 같은 거대한 것이 있다. 높이는 1m나 되고 무게가 900kg에 달한다. 지금부터 3,000여 년 전에 그만한 청동기를 주조한 기술은 정말 놀라운 일이어서 이것 하나만 하더라도 다른 고대 문명에서는 유례를 찾을 수 없다. 고대 중국인은 뛰어난 도자기 만드는 기술을 통해서 높은 온도를 내는 기술을 습득하고 있었다. 또 안양에서는 주조용 도가니가 발굴되고 있다. 이미 제련된 구리와 주석은 이 도가니에서 녹여서 다시 주형에 부어 기물을 만들었다. 이 깊고 홀쭉한 도가니로는 13kg에 가까운 구리를 녹일 수 있다. 노 안에 이러한 도가니를 여러 개 줄지어 넣고 구리를 녹인 것으로 이러한 기술은 철의 정련에 쓰여왔다. 산서(山西)의 토법철(土法鐵)은 이 방법을 이어받은 것이다.

갑골문자의 해독

안양을 중심으로 발굴된 장대한 능묘, 거기에 매장된 황홀한 물건들, 특히 세계에 유례를 볼 수 없는 여러 가지 훌륭한 청동기들에 의해서 은대의 문명이 매우 고차적인 것이었다는 것은 부정할 수 없을 것이다. 그러나 이것을 과대평가해서는 안 된다. 은대의 사람들이 땅 위에서 행했던 생활에 대한 자료가 아직 충분하지 않기 때문이다. 궁전이라고 생각되는 것은 제쳐놓고 일반 사람이 살던 집은 땅을 파고 그 위에 지붕을 씌운 비교적 원시적인 것이 알려져 있을 뿐이다. 거기에는 신석기시대로부터 이어 내려온 소박한 생활양식이 남아 있다고 생각된다. 그러나 중국 문명의 원형 prototype은 조금씩 만들어지기 시작하였다. 갑골편(片)에 새겨진 문자는 후세의 한자의 원형으로써 갑골문자의 대다수가 한자를 매개로 해서 해독되었다. 잘 알려져 있는 바와 같이 갑골문자는 점(占)의 결과를 새겨 넣은 것으로 한 번에 새겨진 문자는 결코 많지 않다. 그러나 발굴된 많은 갑골편을 정리해 감에 따라서 은대에 일어난 역사적 사건들과 당시의 역법이나 그 밖의 과학적 지식을 알 수 있게 되었다. 그것에 의하면 날짜는 60을 주기로 하는 간지(干支)로 나타내고, 달력은 30일과 29일의 대·소월을 조합하여 평년에는 12개월, 윤년에는 13개월을 두었다. 흔히 구력(舊曆)이라고 불리고 학문적으로는 태음태양력(太陰太陽曆)이라고 불리는 역법의 원형이 은대에 이미 성립되었던 것이

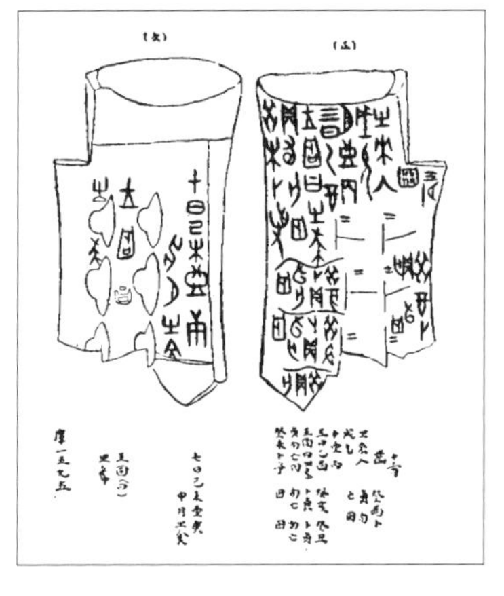

월식기사가 있는 갑골문

다. 이 태음태양력은 예부터 오리엔트Orient에서 사용되고 있던 것으로 달빛을 이용하여 생활하고 또한 달에 소박한 신앙을 가진 민족 사이에서 자연히 생각해 낸 역법이었다고 할 수 있다. 갑골문 속에는 60간지의 표를 새겨 넣은 것이 발견되고 있다. 원래 이것은 점과는 관계없는 것이지만 아마도 갑골에 문자를 새겨 넣는 연습을 하려고 한 것 같다. 그러면 대체 일반적인 기록은 무엇에 써 넣었을까? 많은 문자가 만들어져 있는 이상 당연히 일상의 기록이 행해졌음에 틀림없다. 그러나 그러한 것은 아직 발견되고 있지 않다.

3 봉건제와 도성

주 왕조와 천(天)에 대한 신앙

은이 이른바 〈중원(中原)〉지방을 지배한 데 대해서 주는 서북의 섬서성(陝西省)에서 일어난 나라이다. 그러나 이 서북의 지역도 결코 변경이라고는 할 수 없는 곳으로 예부터 문명이 발달하였던 것은 고고학적인 발굴에 의하여 입증되고 있다. 특히 위수(渭水)에 연한 지역은 고대 문명의 발상지 중 하나이며 장안(長安) 부근은 주(周)를 비롯하여 진(秦), 한(漢) 및 당(唐)의 수도였던 곳이다. 수리 사정이 좋아서 농업이 잘 되어 경제적으로도 자립할 수 있는 기반을 가지고 있었다. 그렇지만 또한 북쪽의 유목민족이 끊임없이 남하하는 곳이어서 예부터 잡다한 민족이 섞여들었다. 주의 건국설화에 의하면 주는 수수를 상징하는 후직(后稷)의 자손으로 주변의 유목민족과는 달리 예부터 정착한 농경생활을 하고 있었던 것 같다. 은 말기가 되면서 이 지방에도 은의 세력이 미치자 주는 은의 문명을 이어받아서 세력을 뻗쳐

B.C. 11세기경 무(武)왕이 은을 쳐부수고 화북지역을 통일하게 된다. 은과 주의 교체에서 주가 은의 문명을 그대로 이어받은 점도 적지 않았지만 두 나라는 원래 문명의 기반을 달리하였기 때문에 그들 사이에 많은 차이점을 보이는 것은 당연하다. 주대에 와서도 권위의 상징이라고 할 수 있는 청동기의 주조가 활발하게 행해지며, 그 명문(銘文)에는 은대에 없었던 서방문명의 영향이라고 생각되는 것이 나타난다. 특히 정치사상이나 제도상에서 큰 변화가 있었다. 은의 시대에는 제정일치라고 할 만한 정치가 행해졌는데, 그 경우 신앙의 대상은 조상신이었고 거기에 자연물에 대한 숭배가 얼마간 있었다. 그러나 주대에 와서는 그러한 신앙과 더불어 최고신으로서의 천(天)에 대한 신앙이 생겼다. 일신교라는 것이 유목민에게 특유한 것이라는 설이 옳다고 한다면 주의 문명에는 북방민족의 영향이 강하게 파고들었다고 할 수 있겠다. 이 천에의 신앙과 더불어 지배자는 천명을 받아서 백성에게 군림하는 것이어서 천명(天命)을 잃었을 때는 왕조가 교체되어야 한다는 혁명사상이 생겨났다. 이러한 정치사상은 다음 장에서 말하는 것처럼 중국에 있어서의 과학 발전에 근본적인 영향을 미쳤다.

봉건제의 성립

주대에서의 제도상의 큰 변화로서 봉건제가 시작되었다. 주가 새 영토를 개척하기 위해서 멸망시킨 나라는 50개국에 달한다고 하며, 이 나라들에는 영주들이 파견되었다. 『순자(荀子)』 유효편(儒效篇)에 의하면 봉건제후의 수는 71명이었다고 한다. 그 중 주의 일족이 53명으로 대부분을 차지했는데, 유명한 태공망(太公望)을 시조로 하는 제(齊)나 은의 뒤를 이어받는 송(宋)과 같은 이성(異姓)의 나라도 있었다. 그런데 국(國)이라는 글자의 사각은 도성의 상형(象形)으로, 주의 왕성은 물론 봉건제후들의 도읍도 각각 성곽으로 둘러싸여 있었다. 제후가 지배하는 지역은 좁아서 그리스의 폴리스와 비슷했던 것 같다. 도성이 어떻게 만들어졌는가에 대해서는 주의 성(成)왕 때 주공(周公)이 낙양에 부수도(副首都)를 만드는 과정이 비교적 자세히 알려져 있다. 그것에 의하면 거북점[龜卜]에 의하여 도성의 위치를 점치고 동서남북의 방위를 정하여 중앙에 대사(大社)를 받들어 모셨다. 이 대사에는 흙을 쌓아 탑을 만들었는데 그러한 흙더미가 봉토(封土)이다. 제후가 임지에 부임할 때에는 그 봉토를 파서 주었는데 이것은 주의 영토를 왕을 대신하여 지배하는 권리를 위임하는 의식이며, 이 의식에서 봉건이라는 말이 생겼다. 주의 서울은 원래 장안 근처에 있었는데 중국 전체에서 보면 서쪽으로 치우쳐 있다. 그래서 중국의 중앙에 위치하는 낙양이 제2의 도성으로 선택되었던 것이다. 그것도 처음에는 낙양의 동남에 있는 양성(陽城)이 도성의 땅으로 선택된 것으로부터 후세에 그 땅을 지중(地中) 또는 토중(土中)이라고 불러 천문학상에서도 중요한 지점이 되었다. 마치 영국의 그리니치 Greenwich 천문대와 같이 후세에도 여기에 때때로 천문대가 설립되었다. 지금 거기에는 주공측경대(周公測景臺)라는 기념비가 세워져 있다.

방위결정의 방법

도성를 쌓는 데는 반드시 정확한 방위의 결정이 행해졌다. 그 방법은 먼저 수평한 지면에서 수직으로 막대를 세우고 막대를 중심으로 원을 그린다. 오전과 오후에 태양에 의한 막대의 그림자 끝이 꼭 원주 위에 떨어지는 점을 A, B라고 하면, 그 두 점을 잇는 방향이 정확히 동서를 가리키고 그것에 직각되는 방향으로 남북이 정해졌다. 이렇게 해서 방향이 정해지면 동서와 남북의 방향으로 도성의 중심대로가 만들어지고, 나아가서는 도성을 둘러싸는 성벽이 축조된다. 지세에 따라서 성벽의 방향은 조금씩 남북 또는 동서에서 벗어날 때가 있지만 꽤 정확한 방위가 도성을 쌓기에 앞서서 측정되었다. 궁중의 정전(正殿)은 남향으로 세워지고, 따라서 천자는 남쪽으로 향해서 정사를 보았다는 고전의 기술은 거의 말대로 실행되었다고 생각된다. 이 방위결정법은 이집트의 피라미드 pyramid의 건설에도 쓰였던 것으로 멀리 떨어진 두 곳에서 같은 생각을 하고 있었던 것이다.

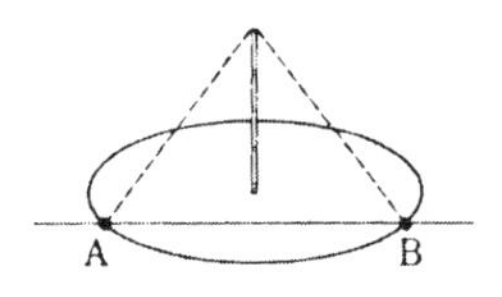

오전과 오후에 원 위에 떨어지는 그림자의 끝 A, B를 이은 것이 정동서(正東西)이다.

도성의 구축

도읍을 둘러싸는 성벽 쌓기가 이미 은대에 시작되고 있었다는 것은 정주성지(城址)에 의해서 알 수 있지만, 반경 이후 은의 12왕의 도성이었던 안양에서는 아직도 성벽의 유적이 발굴되지 않고 있다. 주나라 초기에 낙양에 축조된 성은『일주서(逸周書)』작락해(作雒解)에 의하면 1,720장(丈) 사방이었다고 한다. 주대의 1장이 어느 정도였는지는 확실치 않지만 주척(周尺)을 20cm 가량이라고 생각하면 성벽의 한 변은 3,440m 가량 된다. 이것은 궁전을 둘러싼 내성으로 그 주위에 일반 백성들이 사는 외성이 있었다. 그것은 부(郛) 또는 곽(郭)이라고 불렀다. 성벽의 구축에는 파낸 흙을 쌓아 올리고 그 바깥에 성벽을 둘러싸고 수로를 팠다. 이러한 일에 쓰인 사람이나 기재의 예산은 미리 짜였다. 주공 때에도 이미 내외 이중의 성벽이 있었는지는 의문이지만 견고한 벽으로 둘러싸인 성은 물론 제후의 도읍에도 축조되어 있었다. 주나라 초기에는 성을 중심으로 한 비교적 좁은 지역을 지배하였다고 생각되고 제후의 영토는 도시국가와 같은 형태였으나 시대가 흐름에 따라서 점점 그 지배세력이 넓은 지역에 미쳤다. B.C. 8세기 초에는 북방의 만족(蠻族)에게 쫓기어 주의 도성은 아예 낙양으로 옮겨졌고 서주(西周)는 망하고 동주(東周)시대가 된다. 이때를 전후해서 주 왕조의 세력은 점점 약해지고 그 대신 제후의 세력이 강해져서 독립국의 형태를 가지게 되어 서로 영토를 침략하게 되었다. 그러한 각국의 세력다툼은 이른바 춘추전국시대를 통해서 점점 심해져 큰 나라는 작은 나라를 병합하여, 이윽고 진(秦)에 의한 천하통일에로 나가게 되었다. 각국에서는 국도 이외에 영토 안의 주요한 도시에도 성을 쌓았다. 그리고 그 성들의 규모도 점점 커갔다. 세키노 마사오(關野雄)가 춘추전국시대의 도성지를 조사한 바에 의하면 연(燕)의 하도(下都, 하북성 易縣)의 성은 동서가 약 8km, 남북이 약 6km였고, 제의 도성(산동성 臨淄縣)은 동서가 약 4km, 남북이 4km 남짓한 규모였다. 이러한 성은 물론 적을 막기 위한 것이었지만 성이 커짐에 따라 시민의 수도 많아지고 점차로 상공업 등이 발달하여 한층 다채로운 문명이 발달하게 되었다. 특히 전쟁을 통해서 사방의 교통이 발달하고 또한 나라마다 뛰어난 인재를 모은 일도 있어서 사람의 내왕이 활발하게 되어 전란으로 세상이 혼란한 가운데서도 중국문명의 기초가 닦아져 갔다.

4 춘추전국시대

봉건적 질서의 붕괴

공자가 편찬한 노(魯)나라의 역사 『춘추』의 이름을 따서 B.C. 722년부터 B.C. 481년까지를 춘추시대라고 부르며, 거기 이어지는 것이 전국시대이다. 이 시대의 정치적 특징은 낙양에 도성을 옮긴 주 왕조(동주)의 세력이 한층 약화되고, 그 대신 봉건제후들의 패권을 잡으려는 싸움이 시대와 더불어 격심해진 것이다. 춘추시대에는 오패(五覇)라고 불린 다섯 영주가 차례로 일어나서 대체로 정치적 질서를 유지했지만, 전국시대가 되면서 큰 나라는 작은 나라를 병합하여 왕을 칭하는 제후가 나타나고 더욱이 가신이 나라를 빼앗는 이른바 하극상의 시대가 되었다. 전국시대의 시작을 언제로 잡느냐에 대해서는 약간의 문제가 있지만 양관(楊寬)의 『전국사(戰國史)』의 설에 따라서 B.C. 453년을 그 상한으로 해두자. 이 해에 진(晋)나라가 그 가신에 의하여 사실상 삼분되었다. 주왕 밑에 제후가 있고 제후가 많은 가신을 지배하는 봉건적 질서가 붕괴하여 힘이야말로 정의라는 사상이 지배적이 되고 약육강식의 한심한 상태가 출현하는 것이다. 그러한 상태가 거의 2세기 동안 계속되다가 마침내 진(秦)에 의해 통일이 되지만, 그러는 동안에 중국문명의 패턴이 서서히 형성되었던 것이다.

상업의 발달

춘추시대에 들어가자 여러 봉건제후들이 지배하는 영토가 차츰 넓어졌다. 그때까지는 도시국가적 성격을 띠어 제후의 지배가 미치는 지역은 아주 좁았지만, 점차로 영토(領土)국가가 되어나갔다. 제후의 나라들은 부국강병을 내세워 국력의 증대를 꾀했다. 여러 나라들이 농업생산의 증가를 보였다. 수리관개가 이루어지고 농지의 개척과 인구의 증가에 중점을 두었다. 또 수공업이 발달하고 상업활동도 점점 활발해졌다. 특히 여러 나라 사이의 교통이 트임에 따라 상업이 전국적인 규모의 것이 되어갔다. 『사기(史記)』의 화식열전(貨殖列傳)에는 그러한 상공업에 의하여 막대한 재산을 모은 인물의 전기가 기술되어 있다. 그 중에서 으뜸가는 것으로 꼽히고 있는 사람은 범려(范蠡)로서 그는 전에 월(越)왕의 모신이었는데, 월이 오(吳)를 멸망시킨 B.C. 473년 이후 월왕의 처사에 실망하여 제(齊)나라로 도망했다. 제의 도성이었던 임치(臨淄, 산동성)는 전국시대에 호수 9만을 헤아려 중국 안에서도 가장 번창한 도시 중 하나였다. 제나라는 예부터 개화된 곳이어서 그 영역 안에는 상공업이 발달한 도읍이 적지 않았다. 범려가 살던 곳은 산동성 서남쪽에 위치하는 지금의 정도(定陶)여서 지리적으로 볼 때 다른 나라와의 교통이 한층 더 편리하였다. 그는 여기서 여러 나라와의 무역에 종사하여 삽시간에 막대한 재산을 쌓아 세상 사람들로부터 도주공(陶朱公)의 이름으로 불렸다고 한다. 거의 시대를 같이 하여 역시 산동성의 가난한 집안에 태어난 의돈(猗頓)은 범려에게 가르침을 받아 처음에는 산서성에 들어가서 목축을 업으로 하고, 그 후 그 지방의 해지(解池)에서 제염업을 일으켜 크게 성공하였다. 이러한 사실을 보아도 B.C. 5세기 초기에 전국적인 규모로 상공업이 행해졌던 것을 알 수 있다.

철기의 출현

『사기』 화식열전에는 또 제철업에 의하여 재산을 모았던 몇 사람의 성공 사례를 들고 있다. 중국에서 철기가 언제 시작되었는지는 아직 정확하게 알려져 있지 않다. 문헌상으로는 『좌전(左傳)』 소공(昭公) 29년(B.C. 513)에 진(晋)나라에서 철을 녹여서 형정(形鼎)을 만들었다는 것이 기록되어 있다. 정(鼎)에 형벌의 명

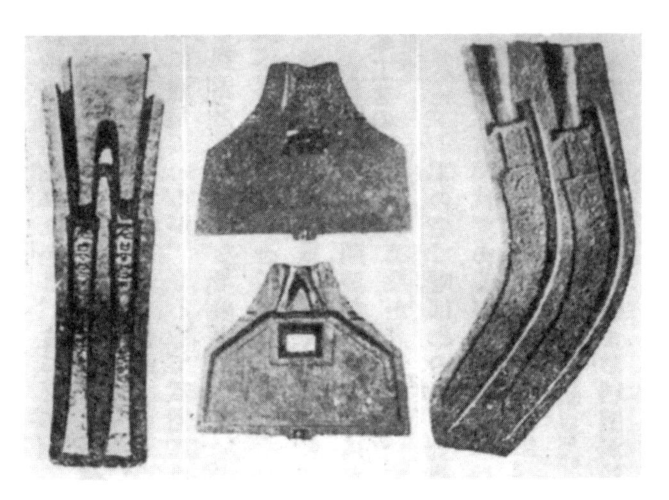

전국시대의 철기 주형(하북성 흥륭(興隆) 출토)

문을 부어 넣은 것은 형정이다. 이 기록은 거의 믿어도 좋은 것으로 생각되지만, 물론 이때에 철이 처음으로 출현했다는 것은 아니다. 그러나 철의 기원이 1-2세기쯤 더 올라간다고 하더라도 중국에서의 철기 사용은 오리엔트나 그 밖의 고대 문명국에 비하여 많이 뒤지는 것이다. 그러나 『좌전』의 기록에 의하면 이미 철기의 주조가 행해지고 있었던 것은 특히 주목된다. 보통 철은 선철(銑鐵), 연철(鍊鐵), 강철(鋼鐵)의 세 가지로 나뉜다. 연철은 또한 단철(鍛鐵)이라고도 불리는데, 고대 문명국에서의 초기의 철은 어디서나 단철에서 시작된다. 즉 산화된 철광석을 숯과 함께 가열하여 환원시켜서, 불순물을 포함하는 철괴(鐵塊)를 연단하여 철기를 만드는 것이다. 선철은 주철이라고도 불리며 철광석을 아주 높은 온도로 녹여서 주형에 부어 넣어 기물을 만든다. 이 경우에는 1,300°C 가량의 높은 온도를 낼 필요가 있어 연철에 비하여 그 제련은 기술적으로 어렵다. 그런데 중국의 경우에는 『좌전』에 주조에 관한 기록이 있을 뿐만 아니라 전국시대의 유지

(遺址)에서 근년에 발굴된 철기에 이미 주조된 것이 많이 발견되고 있고, 또 주조에 쓰인 철제 주형의 존재가 입증되었다. 서양 여러 나라에서 주조기술이 알려진 것이 14세기이므로 중국에서 얼마나 일찍 주철기술이 개발되었는지 정말 놀라운 일이다. 이상 세 가지 철은 탄소의 함유량에 의해서 구별되고 철의 성질에 큰 차이가 있다. 탄소의 함유량으로 말한다면 주철이 제일 많고, 다음이 강철이고, 가장 적은 것이 단철이다. 주철은 남비나 가마솥 같은 일용품을 만들기에는 적당하지만 물러서 무기를 만들기에는 적당하지 않다. 단철은 여러 가지 무기를 단조할 수 있지만 역시 무기로서는 충분한 것이 못 된다. 단련(鍛鍊)을 하는 과정에서 때때로 강철이 만들어지기도 하지만 예리한 강철 무기는 한대에 이르러서 대량으로 만들어지게 되었다고 생각된다. 춘추 말기부터 전국시대에 이르면서는 주철이나 단철이 많았고 무기 중 주요한 것은 역시 청동제의 것이었다고 보는 것이 좋다.

수공업의 발달

춘추 말기부터 전국시대에 걸쳐서 뛰어난 제철기술이 개발되었을 뿐만 아니라 각종 수공업이 발달하였다. 이미 공자의 언행을 기록한 『논어(論語)』에, 도시에는 백공(百工)이란 이름으로 불리는 여러 가지 수공업자들이 낸 상점들이 있었다는 기록이 있다. 『주례(周禮)』의 고공기(考工記)에는 백공을 크게 나누어 목공, 금공, 피혁공, 염공(染工), 도공(陶工)을 들었고, 그것들이 더 전문직으로 나뉘고 있다. 『주례』라는 책은 봉건제도하의 이상적인 행정제도를 쓴 것으로 과거에 그대로의 제도가 행해졌던 것은 아니다. 백공도 궁영공장(宮營工場)에서 일하는 기술자의 이상적인 상태를 나타낸 것으로 그것이 반드시 현실적인 것은 아니다. 그러나 하나의 기물을 만든다고 하더라도 한 사람의 기술자가 소재에서 완성품을 일관해서 만들어내는 것이 아니라 몇 개의 공정으로 나누어 각기 전문기술자가 분업하고 있었다. 이러한 사실은 유물에 의하여 밝혀지고 있다. 한국의 낙랑(樂浪)에서 발굴된 한대의 칠기(漆器)에는 몇 개의 공정을 담당했던 기술자의 이름이 씌어져 있는데 이러한 분업은 벌써 일찍부터 시작되었다고 생각해도 좋다. 매뉴팩처 manufacture와 비슷한 합리적인 생산방식이 중국에서는 일찍 발달하고 있었던 것이다. 이 고공기에는 만들어내는 기물의 치수가 자세히 나와 있어 일종의 설계서라고도 할 수 있다. 매우 뚜렷한 계획 밑에서 하나하나의 기술이 수행되고 있으며 우수한 관리기구와 그 안에서의 합리적인 기술의 운영은 중국인의 높은 정치적 능력을 나타내는 것이라고 하겠다. 『주례』 고공기에 청동기술의 높은 수준을 나타내는 기록이 있는 것은 이미 잘 알려져 있다. 기물에 따라 구리와 주석의 비율을 바꿀 필요가 있으나, 고공기에서는 여섯 종류의 비례를 기술하고 있다. 오늘날의 화학자에 의한 고대 청동기의 화학분석을 보면 그 비율이 반드시 지켜졌다고는 할 수 없으나 대체로의 경향은 올바른 것이었다.

장성의 구축과 수리사업

전국시대에 각종 기술이 높은 수준에 있었다는 것은 다른 분야에서도 말할 수 있다. 북방민족의 침략에 대비하여 장성의 구축이 있었던 것도 전국시대의 일이다. 또 수리관개의 기술도 급속한 발전을 보였다. 〈물을 다스리는 자는 천하를 다스린다〉고 일컬어진 것같이 농업을 경제의 기반으로 하는 중국에서 이러한 수리사업이 얼마나 중요한 의미를 갖는지 다음에 에피소드로 알 수 있을 것이다. 진(秦)의 시황제가 아직 황제가 되지 않았을 무렵, 한(韓)은 진에 권하여 대규모의 수리사업을 일으키게 하여

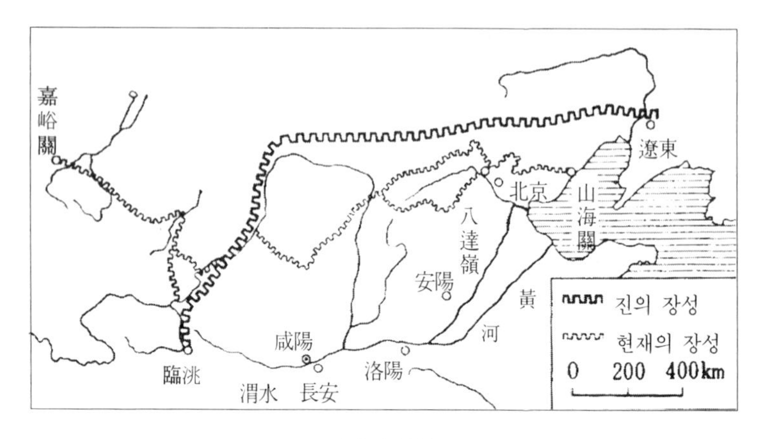

진대의 장성

진의 국력을 소모시키려고 남몰래 수공(수리기술자)인 정국(鄭國)을 파견했다. 정국이 스파이인 줄 모르고 시황제는 수도 함양(咸陽)의 북쪽에서 대규모 관개공사를 하게 하여 4만여 경(頃)에 이르는 옥전을 개발하는 데 성공했다. 얼마 후 정국이 스파이라는 것이 발각되었지만, 결과적으로는 이 사업이 진에 이롭다는 것을 알고 정국의 죄를 용서한 것이다. 『사기』의 하거서(河渠書)에는 이 때문에 진은 부강해져서 마침내 제후를 병합했다고 씌어 있다. 정말 아이러니컬한 이야기가 아닐 수 없다.

의학과 천문학

전국시대에는 또 서방문명의 영향이 있었다. 이 시대에 중국에서는 장식품으로 유리구슬이 사용되고 있었는데 이것은 서방에서 수입된 기술에 의해서 만들어진 것이다. 또 의학이 급속히 진보한 것을 들어 이것도 서방, 특히 인도 의학의 영향이 있었다는 설도 있다. 그러나 이 설에는 확실한 증거가 없다. 『사기』에는 춘추전국시대의 명의인 편작(扁鵲)의 전기를 자세히 전하고 있다. 그는 그리스의 히포크라테스 Hippokrates(B.C. 460?-377)에 필적하는 의성(醫聖)으로 뛰어난 의사이다. 이 편작전에 의하면 중국 의학의 패턴은 거의 이 시대에 이루어졌다. 그는 병이 낳지 않는 이유로 6개조를 들고 있는데, 그 하나로 〈무(巫)를 믿고 의(醫)를 믿지 않는다〉는 것을 들고 있다. 무는 주술에 의한 미신적 치료를 행하는 의사를 가리키는데, 이러한 것을 분명하게 배척하고 있는 것은 경험의학의 진보를 말함과 더불어 합리적인 정신이 사회 전반에 드높아졌음을 나타낸다. 서방문명의 영향에 대해서 전에는 중국 천문학의 기원을 둘러싸고 중국 기원인가 서방 기원인가에 대하여 신조오 신조(新城新藏) 박사와 이이지마 다다오(飯島忠夫) 박사 사이에 격렬한 논쟁이 벌어진 일이 있다. B.C. 4세기 말에 알렉산더 Alexander(B.C. 356-323) 대왕의 군대가 중앙아시아에서 인도에 진입하였는데 그때의 영향에 의해서 서방문명이 중국에 파급되었다는 것이 이이지마 박사의 논의의 출발점이었다. 서방에서 유리구슬이 전해진 것같이 서방의 영향은 확실히 있었지만, 천문학 분야에도 그랬다는 데 대해서는 부정적이다. 은대에 시작된 태음태양력은 긴 세월 동안에 발달하여 전국시대에는 사분력(四分曆)이 확립되었다고 보는 신조오 박사의 설이 오히려 자연스러운 것으로 받아들여질 수 있다. 『좌전』의 기록에 의하면 역법 이외에 점성술이 탄생하고 있는데, 그것은 B.C. 4세기 중엽이라고 추정된다. 특히 목성의 위치에 의하여 나라의 운명을 점치는 일이 행해졌다. 치열한 전쟁이 계속되던 전국시대는 점성술이 생기기에는 좋은 배경이 되었던 것이다. 목성이 12년에 천(天)을 일주하는 데서 천을 12등분하여 12차(次)로 하고, 그 구분에 따라 목성은 1년에 1차를 가는 셈이 되어 목성이 해[歲]의 표적이 되는 데서 세성(歲星)이라 불렸다. 오리엔트에서는 황도에 따라 천을 12등분하는 12궁이 고안되었고, 그것은 다시 그리스에 이어졌다. 그 12궁(宮)과 중국의 12차는 거의 비슷한 발상에서 생겨났지만, 이것만으로 천문학에 있어서 서방의 영향이 존재한다고는 단정할 수 없을 것이다.

5 다채로운 사상가의 무리들

유교경전의 성립

한대 이후 중국에서 정치사상의 근간이 되고 중국 사회에 가장 큰 영향을 준 유교 경전은 그 대부분 저자의 이름이 알려지지 않고 또 성립연대가 밝혀지지 않고 있다. 춘추 말기에 활약한 공자와 그의 제자들이 그 중 중요한 것을 집대성했다는 것은 거의 믿어도 좋을 것이다. B.C. 479년에 죽은 공자는 만년에 역(易)을 좋아했다는 것이 『논어』에 나와 있고, 또 십익(十翼)으로 알려진 10편이 공자에 의하여 역에 보완되었다고 하며, 유교 경전의 정상을 차지하는 『역경(易經)』은 공자 시대에 거의 완성되었다고 볼 수 있을 것이다. 공자가 태어난 노(魯)나라는 주공의 아들 백금(伯禽)이 봉해진 곳으로 주왕실과 깊은 연관이 있다. 난세에 태어난 공자는 힘을 정의로 삼는 패도(覇道)에 대항하여 주왕실을 정점으로 하는 질서 있는 왕도정치의 부흥을 설파했다. 이러한 질서를 유지하는 것이 『논어』에서 자주 언급되는 예(禮)이다. 공자의 제자들 중에는 제도로서의 예를 강조하는 사람이 나왔지만, 공자가 주장한 것은 예의 정신이었다. 왕은 왕답게, 제후는 제후답게, 가신은 가신답게 행동하는 것이 예의 정신이어서 이것으로 하극상의 사회를 시정하려 했다. 유교가 얼마 후 한 왕조 밑에서 국교의 지위를 차지한 것은 당연한 일이었다.

제자백가의 출현

공자의 사상이 혈연을 중시하는 씨족사회에 기반을 둔 데 대하여 공자보다 조금 늦게 나타난 묵자(墨子)는 현자(賢者)에 의한 정치를 말하고, 또 박애주의나 공격전쟁의 부정을 제창하며 제후에게 유세했다. 그는 또 형해화(形骸化)한 예법을 맹렬히 공격하여 공자와 그 후계자들과 심하게 대립했다. 또 같은 무렵에 깊은 철학적 사상을 전개한 노자(老子)나 장자(莊子)가 활약하고 있었다. 다분히 은자적(隱者的) 성격을 가진 이 사상은 뒤에 신선술(神仙術)과 연결되고, 또 도가사상의 원천이 되어 도교로 발전하여 유교와 함께 중국 사회에 큰 영향을 주게 되었다. 전국시대는 중국의 역사상 가장 자유로운 사상가들이 횡행하던 시대였다. 제자백가(諸子百家)라고 불리는 것같이 많은 사상가들이 독자적인 설을 주창하여 제후에게 유세하고 다녔다. 그들에게는 국경의 장애는 거의 문제가 되지 않았다. 이미 말한 것처럼 춘추시대 말기부터 꽤 광범위하게 교역을 하는 상인들이 나오고 있는데 이 경향은 전국시대가 되자 한층 더 성해졌던 것으로 생각된다. 한대에 농본주의가 확립되자 상업활동은 말업(末業)으로서 천시되어 상인의 활동은 별로 활발하게 역사의 표면에 나타나지 않는다. 그러나 전국시대 말기에 나타난 여불위(呂不韋)와 같이 상인으로서 활동하다가 마침내는 진(秦)의 재상이 된 인물도 있다. 부국강병을 겨루던 전국시대의 제후는 상인의 활동을 크게 장려했을 것이며, 또 열심히 인재의 획득에 힘썼다. 전국 말기에는 제(齊)의 맹상군(孟嘗君), 조(趙)의 평원군(平原君), 위(魏)의 신릉군(信陵君), 초(楚)의 춘신군(春申君)과 같이 많은 식객들을 거느리고 학문과 문화의 보호자 patron로 나서는 제후들이 나오게 되었다. 그것은 진의 통일에로 향하는 과도기에 순간적으로 반짝 튄 불꽃과 같은 현상이었다고 할 수 있을지도 모른다.

묵경의 과학적 내용

유교의 덕치주의에 대하여 법치주의를 주장하는 상앙(商鞅)이나 한비자(韓非子) 등은 실제 정치면에 공헌하여 그들의 사상은 진(秦)의 통일을 가져오는 데 유용했다. 그러나 유세가들 중에는 이러한 실익과는 관계가 없는 궤변을 일삼는 학자도 나타났다. 묵자가 죽은 뒤 그 학파는 셋으로 갈라졌는데, 그들 중에서는 변론을 위한 변론을 일삼는 자들이 나타났다. 묵자의 학통에 의하여 편찬된 『묵자(墨子)』의 묵경편(黑經篇)에는 드물게도 일종의 논리학이 기술되어 있다. 그것은 상대방을 논파하는 웅변술로서 논리학으로서 그렇게 잘 정리된 것은 아니지만 중국의 책으로는 보기 드문 것이다. 그 중에는 과학적인 기록, 특히 렌즈나 거울 같은 것에 의한 실물과 그 그림자와의 관계를 다룬 광학적 기록이 있다. 또 이 묵자의 학통에서는 그리스의 소피스트 Sophists가 다루었던 것과 같은 문제를 논의하는 궤변가가 나오고 있다. 그리스의 소피스트들은 특출한 궤변에 의하여 운동 그 자체의 존재를 부정했는데, 중국의 궤변가들도 〈화살은 표적에 맞지 않는다〉라는 논의를 벌였다. 그러나 사상의 자유가 다른 한면으로 타락과 붕괴의 방향으로 나가는 것은 양(洋)의 동서를 막론하고 자연적 추세라고 할 수 있을 것이다.

자연철학으로서의 음양오행설

그리스와 비슷한 점이 소피스트의 출현이라는 것만은 아니다. 거의 같은 시대에 그리스와 중국에서 비슷한 자연철학이 탄생하였다. 그리스 문명은 그 선구자인 이집트나 바빌로니아와는 달리 종교를 기반으로 하는 문명에서 합리주의를 기반으로 하는 문명으로 발전했다. 모든 자연현상을 설명하는 데 최후에는 신의 힘을 빌리는 오리엔트의 사고와는 달리 그리스에서는 자연현상을 자연의 틀 안에서 설명하려 했다. 밀레토스Miletos의 탈레스Thales (B.C. 640?-546)는 물을 우주의 근본물질로 삼았지만 그 뒤를 따르는 자연철학자들은 이와는 다른 물질 또는 일종의 추상적 개념으로 대신했다. 그리고 일원적인 해석에서 더 나아가 흙, 물, 불, 공기라는 4원소설이 생기고 또 그와 함께 물질의 궁극을 미세한 알맹이로 보는 원자론이 생겼다. 중국의 사상은 본질적으로 합리주의로 일관하였고 자연현상의 설명에 있어서 그리스의 자연철학과 비슷한 사상이 생겼다. 중국에서 일어나 최초의 자연철학은 〈역(易)〉으로 대표된다. 그것에서는 음과 양의 이원(二元)이 자연현상에 대한 설명에 쓰이고 있다. 그렇지만 물론 그리스와 중국의 자연철학 사이에는 근본적인 차이가 있음을 놓쳐서는 안 된다. 음과 양은 그것이 우주가 형성되는 근원적인 물질을 상징한다는 것보다는 오히려 자연의 상태나 성질을 표현한다. 사계의 변화를 예로 말하면 봄에는 처음으로 양이 싹트고 여름에는 양이 그 극점에 달한다. 가을이 되면 거꾸로 음이 싹트고 겨울과 더불어 음은 그 극점에 달한다. 더욱이 이러한 사시(四時)의 변화를 일으키는 것은 바로 천(天)으로서, 음양은 아니다. 그리고 이 음양의 원리는 결코 고정된 것이 아니고 양의 극점인 여름에 이미 음이 잠재하며, 이윽고 음이 싹트고 가을에로 변화한다. 역에는 변역(變易)의 뜻이 있지만 중국의 자연철학은 끊임없이 변화하는 자연의 모습을 표현한 것이며, 동시에 그것은 인간의 운명에 관계되는 원리도 되어왔다. 오히려 후자의 역할이 〈역〉에서는 중요한 것이었다고 할 수 있다.

음양설과 함께 중요한 역할을 한 것은 오행설(五行說)이다. 이 설의 기원은 꽤 오래되었다고 생각되는데, 그것을 제창하여 성공을 거둔 것은 추연(鄒衍)이라는 학자였다. B.C. 4세기 말 제나라 선(宣)왕 무렵에 제의 도읍인 임치의 성문 중 하나인 직문(稷門)

근처에 많은 학자들이 모여들었다. 이것이 세상에서 말하는 직하의 학사(學士)인데 추연은 그 중의 한 사람이었다. 그는 오행설에 의하여 제왕의 덕을 나누어 그것으로써 왕조 교체의 이론을 주장했다. 이미 주왕실은 쇠퇴의 극에 달하여 새로운 왕조를 세워 천하통일을 지향하고 있던 제후들 사이에서 이 설이 지지를 받고 있었다. 실제로 이 설을 채용한 것은 진의 시황제였는데 주왕실은 화덕(火德)이어서 이를 대신하여 일어난 진은 수덕(水德)을 가지고 화덕을 이긴 것이라고 선언했던 것이다. 음양설과 만찬가지로 오행설은 수, 화, 목, 금, 토의 다섯 요소에 의해서 자연현상의 상태나 성질을 상징하는 것이었고 더욱이 이 다섯은 연속적으로 순환하고 변화하는 것이다. 또 그것은 자연현상과 동시에 인간현상의 설명에 효과적이었다. 오행설에는 상생설(相生說)과 상승설(相勝說)이 있다. 상생설에 의하면 목은 화를 낳고, 화는 토를 낳는다는 것처럼, 목, 화, 토, 금, 수의 순서에 따라 생성 변화한다. 상승설에서는 수는 화에 이기고 화는 금에 이긴다는 것처럼, 토, 목, 금, 화, 수의 순서로 순환 교체하는 것이라고 하였다. 유럽의 중세에는 황제의 지위가 로마 교황에 의하여 보증되었지만 그러한 보증이 없었던 중국의 제왕들은 덕의 종류에 의하여 자신을 전왕조와 구별하고 신왕조의 성립과 그 정통성을 명확히 하려고 했던 것이다. 진 이후에도 새로운 왕조가 성립할 때마다 오덕(五德)의 어느 것을 채용하는가가 문제가 되었던 것이다.

음양설과 오행설은 따로따로 발생했지만 내용적으로는 비슷한 것이어서 한대에는 이 둘이 합쳐져서 음양오행설이 되었다. 그리스에서 시작된 4원소설이 유럽 중세에 자연현상을 설명하는 데 유용했던 것같이 중국에서도 거의 비슷한 역할을 음양설, 오행설, 또는 이것들이 결합한 것이 전해 내려왔다. 그러나 이미 말한 것처럼 중국의 경우에는 우주의 근원물질이라는 사상은 매우 희박하다. 중국에서의 근원물질이라고 하면 그것은 기(氣)라는 말로 표현되는 것이리라. 그리스에서는 4원소설과 더불어 원자론이 생겼지만 중국의 오행설의 사상은 역시 4원소설과는 본질적으로 다른 것이다. 비슷한 점은 표면적인 것에 불과하다. 근원물질로서 기 이외의 것을 생각하지 않은 중국에서는 끝내 원자론은 생겨나지 않았다.

제2장

과학문명의 패턴

1 정치와 학문

정치가 모든 것을 지배하던 사회

유럽의 중세는 종교가 모든 것에 군림하던 시대라고 한다. 로마 교황이 지배한 것은 사람들의 정신생활뿐만 아니어서 세속적인 황제의 권위까지도 교황에 의하여 보증되지 않으면 안 되었다. 또한 당시의 학문이 종교의 지배를 받은 것은 말할 나위도 없고 과학상의 학설까지도 신의 존재와 그 섭리를 말하지 않는 것은 없었다. 17세기 이후에 유럽에서는 근대 과학이 발달하게 되는데, 이 시대가 되어도 우주를 창조한 신에의 신앙은 과학자의 마음을 강하게 사로잡아 때로는 그러한 신앙이 과학 연구에 빛나는 성과를 가져오게 했다. 그러나 로마 교황을 중심으로 하는 교회의 그릇된 생각이 과학의 진보를 저해한 예도 적지는 않았다. 17세기 초엽에 일어난 태양중심설(지동설)을 둘러싼 사건, 즉 갈릴레오 갈릴레이 Galileo Galilei(1564－1642)에 대한 탄압은 너무나도 유명하다.

중국에는 종교가 모든 것을 지배한 유럽의 중세와 같은 시대는 전혀 없었다. 은의 시대에는 제정일치와 비슷한 정치가 행해지고 있었는데, 주대 이후의 중국에서는 천(天)의 숭배나 조상신앙은 있었지만 공자를 시조로 하는 유교에 바탕을 두는 합리주의가 사람들의 마음을 강하게 사로잡았다. 서력기원 후 얼마 안 되어, 서역(西域)에서 불교가 전해지고 또 그 자극을 받아 도교가 조직되어 이 두 종교는 중국의 문명에 큰 영향을 주었지만, 그러한 종교는 교단(教團)으로서의 로마 교황청과 같은 세력이 될 수는 없었다. 불교가 수입되어 도교나 불교가 교단으로 성립되기 이전에 중국에서는 강력한 통일국가가 형성되어 정치의 힘이 종교의 힘보다 우세하였다. 중국은 예부터 혁명의 나라여서 과거에는 가끔 왕조의 교체가 있었다. 이런 혁명 가운데에는 후한 말에 일어난 황건적(2세기 말, 太平道의 교조 장각 등에 의한 반란으로 머리에 황건을 썼다)과 같이 종교결사를 중심으로 한 세력이 왕조를 무너뜨린 예도 결코 적지 않았지만 새로운 왕조가 성립하면 전과 다름없는 관료국가가 조직되어 종교는 모두 국가의 통제 밑에 들어가는 것이 보통이었다.

관료제도의 실시

B.C. 3세기 말에 진의 시황제는 천하를 통일하였다. 후세에 폭군의 대표로서 악평이 높은 시황제는 결코 범용한 군주는 아니었던 것 같다. 주(周)의 봉건제는 춘추전국시대를 거쳐서 점차 붕괴해 갔는데, 시황제는 이미 일부에서 실시되고 있던 군현제(郡縣制)를 국내에 확대하여 모든 지방권력을 중앙에 집중하는 정책을 실행에 옮겼다. 즉, 봉건제후를 모두 폐하고 대신 관료조직을 정비해서 지방의 고급관료는 모두 중앙에서 파견하기로 하였다. 그러한 중앙집권하에서의 관료제도가 유럽에서는 근대 국가와 함께 발생한 것을 생각할 때, 그것이 중국에서 B.C. 3세기 말에 탄생했다는 것은 참으로 놀라운 일이다. 중국인의 정치적 능력이

일찍부터 얼마나 뛰어났는가를 보여주는 것이리라. 그러나 제도의 정비만으로 나라를 유지할 수는 없다. 국가의 통일을 서두른 나머지 시황제는 법가사상(법률과 그에 의한 형벌을 정치의 근본수단으로 삼는 사상으로 상앙이나 한비자 등이 주장)을 중심으로 가혹한 정치를 하였기 때문에 불과 수십 년 만에 한(漢)에 의해 패망하였다. 한의 초기에 고조(高祖)는 그 자제나 공신을 지방의 영주로 삼았는데, 얼마 후 이 영주들이 반란을 일으키게 되어 봉건제의 폐해를 알게 됨으로써 다시 중앙집권제가 부활하게 되었다. 그 후 중국의 정치조직은 그 긴 역사를 통하여 중앙집권하에서의 관료제도가 실시되어 왔던 것이다.

관료국가와 유교

정치가 모든 것에 군림하는 중국 사회는 이 관료제도와 함께 발달하였는데 이 관료국가를 뒷받침한 것이 유교에 바탕을 둔 정치이념이었다. 물론 한 초기부터 그랬던 것은 아니다. 한 고조는 가문도 뚜렷하지 않은 출생이며 그 공신 대다수는 비천한 출신이었다. 그래서 궁정에서도 제신들의 난폭한 행위가 많았는데, 노(魯)의 유학자였던 숙손통(叔孫通)의 건의를 받아들여 엄숙한 조하(朝賀)의 예를 행한 결과 고조는 처음으로 황제의 귀함을 알았다고 하면서 기뻐하였다고 한다. 그렇다 해도 한의 초기에는 모든 것이 뒤범벅이 된 상태였다. 전국시대에 활짝 꽃피었던 여러 사상은 점점 정리되었다고는 하지만 전국 말기부터 성해진 도가사상(노자나 장자에서 시작되어 실천적인 유교사상과는 다른 幽玄한 사상)은 신선사상(고대의 신비사상으로 服藥이나 그 밖의 방법으로 불노불사의 경지에 도달한다는 것을 말한다)과 연결되어 궁정 사람들을 매혹시켰다. 또 사회 전체도 전국시대의 상태가 그대로 남아서 상공업자의 활동은 활발하였고 왕후와 부를 비길 만한 벼락

부자가 생겼다. 그러한 일종의 방임주의가 성행했던 것이 무제(武帝) 때에 와서 큰 전환을 가져오게 되었다. 중국문명의 패턴이 이때에 이르러 확립된 셈이다. 무제는 한대의 황제 중에 가장 걸출한 인물이었다. 특히 뛰어난 군사적 재능을 가지고 있었다. 한 고조는 북방의 흉노에게 골치를 앓았지만 그 뒤의 황제들도 흉노의 침입을 받고서 굴욕적인 조건을 받아들여 겨우 그 피해를 면할 수가 있었다. 그런데 무제는 흉노의 내분을 틈타서 멀리 막북(漠北) 땅에 대군을 파견하여 철저하게 그 세력을 쳐부수고 말았다. 유명한 장건(張騫)이 서역에 파견되어 서방과의 교통이 열리게 된 것도 무제의 흉노정벌의 과정에서 일어난 일이었다. 이 황제 밑에서 한의 영역은 공전의 크기로 넓어졌다. 남으로는 인도차이나 반도, 북으로는 장성을 넘어 한국에도 한의 군현이 설치되고, 서쪽으로는 소련령 중앙아시아와 국경을 접하게 되어 지금의 중국 영토의 거의 전부가 그 지배하에 들어갔다. 이러한 군사적 성공보다 더 중요한 것은 국내적인 사상통일이었다. 만년의 무제는 진의 시황제처럼 불노불사를 추구하는 신선술에 깊은 관심을 가지게 되었지만 위관(衛綰)이나 동중서(董仲舒)의 건의를 받아들여 유교를 정통 학문으로서 국가가 공인하는 정책을 처음으로 도입하였다. 한대 초기의 지배층에는 군인 출신이 많았지만 문제(文帝), 경제(景帝)의 비교적 평온한 시대를 거쳐 학문의 수준이 높아졌다. 서민 중에서 뽑힌 관료는 동시에 깊은 학문의 소양을 가진 사람이 많았다. 이미 말한 것처럼 유교는 본래 체제에 밀착한 학문이었던 데서 그것이 마침내 국교적인 지위를 얻을 수 있었다. 이러한 사상통제는 동시에 또한 억상주의(抑商主義)가 되었고, 농본주의가 주장되어 사농공상의 신분제가 확립되게 되었다.

관료가 학자인 사회

유럽에서는 근대 국가가 성립하고 나서 정치적인 힘이 점점 강해지고 있었다. 과학기술 면에서도, 국가가 대학이나 연구기관을 세워 많은 과학자나 기술자가 관리로서 일하게 되었다. 특히 거대과학의 시대가 된 현재에는 국가의 정책이 과학기술의 발전에 크게 영향을 주게 되었다. 그런데 이러한 사정도 중국의 경우에는 매우 이른 시대에 시작된 것이다. 무제 때에 유교가 국교의 지위를 차지하게 되자 관료는 모두 유교의 지식을 갖는 것이 필수적으로 되었다. 관료는 동시에 지식인이며, 지식인은 또한 관료가 될 수 있었다. 지식인이 동시에 관료라는 학자관료가 탄생한 것이다. 중국에서는 사무관료는 영구히 승진할 수 없는 하급관리로서 일생을 보내지 않으면 안 되었다. 현대와 같이 정치가 우위를 차지하는 시대가 되었어도 민간인으로서 우수한 지식인은 결코 적지 않다. 그러나 중국의 경우에는 지식인은 모두 관료가 되어 민간인으로서 일생을 보내는 지식인은 특별한 시대를 제외하고는 매우 드물었다. 이러한 중국 사회의 모습은 B.C. 100년을 중심으로 하는 무제시대에 확립되어 중국의 거의 모든 시대를 통해서 그러했다. 수·당시대부터 과거에 의한 관리등용제도가 실시되었는데 이 제도는 민간의 지식인을 모두 관료로서 채용하려는 의도하에 행해진 것이다. 학문이 정치에 의하여 통제되어 거기에서 자연히 중국에 독특한 학문의 패턴이 생긴 것이다. 이러한 사정은 과학기술 면에서도 마찬가지였는데, 다음에 몇 가지 과학 분야에 대하여 중국적인 패턴이 어떤 것인가를 알아보기로 하자.

2 천문학의 패턴

천문학의 두 분야

지식인이 동시에 관료가 된 중국에서는 과학과 기술의 연구자도 거의 관료가 차지하고 있었던 것은 말할 나위도 없다. 물론 예외도 있었지만 그 점에 대해서는 나중에 말하기로 하겠다.

고대 문명국에서 양의 동서를 막론하고 천문학은 예부터 발달한 학문이었다. 농업이나 사회생활을 바르게 해나가기 위해서 필요한 역(曆)의 지식은 천문학의 과학적 측면이며, 그와 함께 고대사회에서는 그 비과학적인 측면인 점성술과 함께 두 분야가 일찍부터 발달한 것이다. 원래 천문이라는 말은, 『역경』 분(賁) 괘(卦)에 〈천문을 봄으로써 때의 변화를 알다〉라고 한 것처럼, 일월성신(日月星辰)의 위치와 그 움직임을 의미하고 있으며, 그것은 그러한 현상에 의해서 계절의 변화를 안다는 것으로 역법으로서의 역할을 뜻하고 있다. 그런데 같은 『역경』의 계사전(繫辭傳)에는 〈천(天)은 상(象)을 드리워 길흉(吉凶)을 나타낸다〉고 씌어 있어 최고신이라고도 할 천이 사람들에게 천문현상을 통하여 장래의 길흉을 알렸다고 나와 있어서 천문현상은 과학의 대상이 되는 자연현상이 아니고 그것에 의하여 장래를 점치는 전조(前兆)라고 생각되고 있었다. 이 경우 특이한 천문현상, 예를 들면 일·월식이나 혜성의 출현 등은 어떤 불길한 징조로서 일반인에게는 공포를 주었지만, 지배층에 속하는 사람들에게는 깊은 관심을 불러일으켰다. 점성술은 천상 세계의 현상과 지상의 현상 사이에 깊은 연관이 있다는 고대적인 전논리적(前論理的) 사유에서 출발하는 것으로 그 시초는 특이한 자연현상에 대한 공포심에서 시작된다. 그러나 이 점성술이 중국에서 조직화된 것은 B.C. 4세기를 중심으로 하는 전국시대의 일이었다. 이 시대에는 격심한 전란

속에서 나라마다 모두 존망의 불안에 끊임없이 시달리고 있을 때였다. 훨씬 뒤의 일이지만, 몽고의 칭키즈 칸Genghis Khan(1162-1227)이나 그 후계자들은 측근에 점성술사를 두고 전쟁을 시작할 때는 그의 의견을 들었다고 한다. 그와 꼭같은 일을 전국시대에도 찾아볼 수 있으며 더욱이 그 시대에 점성술은 조직화되고 체계화되었던 것이다.

천의 사상과 천문학의 관계

한(漢)시대가 되어 강력한 통일국가가 이루어지자 점성술은 단순히 군사(軍事)와 결부된 것이 아니라 정치이념과 깊은 관계가 맺어지게 되었다. 최고 지배자인 황제는 다시 천의 아들, 즉 천자(天子)라 불렸는데, 그것은 천의 뜻에 따라서 정치를 한다는 중국 특유의 정치이념에서 생긴 말이다. 이미 말한 것처럼 천을 창조신으로 보는 사상은 희박했지만 천은 만물을 주재하고 최고의 도덕을 갖춘 것이며, 또 자연의 이법(理法)을 그 속에 간직하고 있다고 생각하였다. 더욱이 천은 스스로의 의지를 가지고 있어서 정치의 선악에 대하여 천문현상을 비롯해서 지상의 자연현상을 통하여 스스로의 의지를 나타낸다고 하였다. 천자는 끊임없이 그러한 자연현상을 통하여 천의 의지를 깨달아서 정치를 하기에 노력하였다. 그러한 정치이념은 한대에 확립되어 그 후 중국의 오랜 역사를 통하여 지켜졌다. 천의 이법은 자연법칙이라는 말로 나타낼 수 있지만, 중국 사람의 생각으로는 그러한 자연법칙은 인간의 힘에 의하여 궁극적으로 해명될 수 있는 것은 아니었다. 유럽 근대 과학의 원천이 된 그리스에서는 자연법칙을 인간의 노력에 의해 탐구하여 얻는 것으로 생각하였고, 또 이러한 신념은 근대 과학의 발전에 큰 힘이 되었다. 그러나 중국의 경우에는 자연의 이법의 체현자인 천은 스스로의 의지를 가지고 있고, 그 의지에 따라 자유로이 자연현상을 일으킬 수 있었다. 특이한 자연현상은 정치에 대한 천의 경고였으므로 인간이 예측할 수 없는 성질의 것이었다. 훨씬 뒤인 당대(唐代)에 와서는 예보된 일식이 계산착오로 일어나지 않았을 경우, 그것을 선정(善政) 때문이라 해서 신하가 황제에게 축하의 글을 올리고 있다. 이 일은 자연법칙이 궁극적으로 불가지(不可知)라는 입장을 단적으로 나타낸 것이라고 할 수 있다. 이 신념의 결여는 어디까지나 자연법칙을 추구하는 열의가 중국인에게서 일어나지 않게 했던 큰 원인이었다.

역법의 의의와 내용

물론 모든 자연현상에 인간의 지식이 미치지 않았다는 것은 아니다. 천문학에 대해서 말한다면, 천체현상으로 알아낸 법칙성은 역법으로 체계화되었다. 일식의 예보도 한대 이후 수학적 계산의 대상이 되었다. 물론 그 계산방법은 시대와 더불어 개량되었지만 끝내 완전한 것은 되지 못했다. 일식을 불길한 징조로 보는 사상이 훨씬 뒤에까지 남은 까닭은, 첫째로는 과거의 생각에 사로잡혀 있었기 때문이지만 둘째로는 계산법의 불비(不備)에 의한 것이리라. 그런데 중국의 역법은 단순히 월일(月日)을 배열하고 24절기나 잡절(雜節) 같은 것을 계산한 것뿐만이 아니었다. 천의 이법은 천체현상을 통하여 표현되었기 때문에 천체현상 중에서 법칙화될 수 있는 것이 모두 역법의 대상이 된 것이다. 한대에 편찬된 삼통력(三統曆)에서는 일월을 비롯하여 오행성의 위치계산, 일·월식의 예보가 역법의 대상이 되고 있다. 중국의 역법은 현재의 천문계산표로서 고전적인 이론천문학의 영역을 포괄한 것이었다. 다만 거기서는 우리가 말하는 천체의 운동이나 일·월식 상태의 계산이 다루어지고 있어서 그러한 겉보기 운동 뒤에 있는 우주의 모습에 대해서는 거의 주의를 돌리지 않았다. 더 정확하게 말하면 중국의 역법서에는 그러한 우주의 모습에 대해 전혀 기록되지 않았다고 할 수 있다. 한대에 혼천론(渾天論, 대지를 중심으로 하여 그 주위를 회전하는 천구를 생각하는 것)이나 개천론(蓋天論, 천지를 평행한 평면, 또는 우산과 같은 곡면이라고 생각하는 것)과 같은 우주구조론이 논의된 일은 있었으나 거의 발전하지 못하였다.

천문학에 있어서 동서의 비교

이것을 그리스와 비교하면, 그리스에서는 태양, 달, 행성이 지구를 중심으로 원운동을 한다는 기하학적 모델을 설정함으로써 이 천체들의 겉보기 운동을 설명하는 데 성공하였다. 즉, 지구중심설 geocentric theory이 그것이다. 물론 지구중심설은 16세기의 코페르니쿠스 Nicolaus Copernicus(1473-1543)에 의해서 태양중심설 helicentric theory로 바뀌었지만, 가설에서 출발해서 현상을 설명하는 근대 과학의 방법은 이미 지구중심설에서 그 싹을 볼 수 있었다. 그런데 중국의 천문학에서는 겉보기 현상을 정리하여 직접적으로 법칙성을 파악하는 노력을 하고 있지만 그리스에서 본 바와 같이 가설에서 출발하여 현상을 설명하는 일이 끝내 없었다. 그리스의 지구중심설에서 출발한 유럽의 천문학은, 말하자면 우주의 체계를 설명하는 이론을 어떻게 조직하는가를 통하여 발전하지만, 중국에서는 그러한 이론은 오히려 결여되어 주로 계산법의 개량에 중점을 두었고 이러한 면에서는 굉장히 발전하였다. 한마디로 그것은 계산기술의 발전사라고도 말할 수 있다.

역법은 국가의 대전

중국 천문학은 여러 가지 점에서 그리스나 유럽의 그것과는 달랐다. 역법이 정치이념과 강하게 연결되고 있었다는 것은 또한 역법을 국가의 대전(大典)으로 보는 사실에도 나타나 있다. 위에서도 말한 것처럼 혁명에 의하여 왕조가 교체되면 여러 가지 제도의 변혁이 행해지는데 역법의 개정이 그 중심이었다. 그 때문에 중국 주변의 나라가 중국의 속국이 되면 중국의 역법을 사용하도록 강제되었으며, 또 중국의 역법을 사용하는 것이 동시에 중국의 속국임을 의미했다. 한대 초기부터 자연 개력(改曆)의 문제가 시끄럽게 논의되었다. 그러나 국내의 정비가 이루어지지 않은 채 사실상의 개력은 무제의 태초(太初) 원년(B.C. 104)부터 착수되었다. 새 달력은 태초력(太初曆)이라고 불렸는데 이 역법은 나중에 증보되어 삼통력(三統曆)이 되어 이로써 중국 역법의 패턴이 완성되었다.

미터법의 아이디어

이미 말한 것처럼 역법에서는 일월 및 행성의 운동, 일·월식의 예보를 하기 위한 계산이 전개되고 있지만 한층 흥미있는 일은 역법의 기본상수를 역수(易數)와 관련짓고 나아가서 악기와 관련지은 것이다. 중국 음악에서는 기본적인 음조를 12율로 나누는데, 그 중에서 가장 기본적인 것이 황종(黃鐘)이다. 황종의 음을 내는 관은 단면이 9평방분(分), 길이가 9촌(寸)인데, 이것이 도량형에 있어서의 길이의 기준이 되었다. 또 황종관(管)의 부피는 1약(龠)이라고 불렸고 그 2배가 1합(合), 10합이 1승(升)이 되어 부피의 단위가 여기서 나온다. 그리고 이 관에 조(黍)를 채워 넣으면 1,200알이 들어가고 그 무게가 12수(銖)라는 단위로 그 2배인 24수가 1량(兩), 16량이 1근(斤)이 된다. 이렇게 황종관의 길이는 역법의 기본상수와 관련지어졌을 뿐만 아니라 동시에 도량형의 삼자(三者)를 유기적으로 결합하는 것으로 되어 있었다.

잘 알고 있는 바와 같이 현행 미터법은 프랑스 대혁명 시대에 제정된 것으로서 길이, 부피, 무게의 세 가지가 유기적으로 결합된 데 하나의 큰 특색이 있다. 말하자면 미터법과 같은 아이디어가 B.C. 1세기경에 중국에서 고안된 것은 높이 평가되지 않으면 안 된다. 중국인의 사상의 한 특색은 모든 것을 유기적으로 관련지어 설명하는 것이었다. 이러한 종류의 해석은 지나쳐서 실패한 일도 있었지만 이 경우는 오히려 흥미있는 발상이라고 하겠다. 이렇게 역법과 음율을 관련지은 결과 중국 역대의 왕조사——정사(正史, 중국에서는 왕조가 망하면 뒤를 이은 왕조가 전조의 역사를 쓰는 관례가 있었다)——에는 율력지(律曆志)라는 한 장(章)을 넣고 있다. 이 장에서는 처음에 음악이론을 말하고 다음에 역법에 미치고 있다. 이러한 기술방법은 『한서(漢書)』에서 시작되어 그 후 상당히 오랫동안 답습되었다. 당대의 왕조사인 『당서(唐書)』부터는 역법을 독립하여 기술하게 되었는데, 역시 음율과 역법을 관련짓는 데 무리를 느끼게 되었기 때문이라고 생각된다.

3 점성술과 천문관측

국립천문대의 설치

중국에서는 천문학이 정치적으로 중요한 의미를 가진 결과로서 일찍부터 국립천문대가 설치되고 있었다. 주대 초기에 주공이 낙양 근처인 양성(陽城)에 천문대를 만들어 그곳이 기준 지점이 된 데서 고전에서는 때때로 양성을 토중(土中)이라든가 지중(地中)이라고 부르고 있다. 그러나 주공시대에 천문대가 어느 정도의 규모였으며 또한 얼마나 오래 존속했는지는 알려져 있지 않다. 국립천문대의 제도가 확립된 것은 역시 한 무제 때쯤이었고 그 장관을 태사령(太史令)이라고 불렀다. 『사기』의 저자인 사마천(司馬遷)도 태사령이었는데 태초 원년에 태초력이 제정된 무렵부터 천문대의 조직이 확립되었다고 보아도 좋을 것이다. 중국 천문학의 두드러진 특색은 그 연구가 관료기구 안에서 행해진 것이며, 더욱이 국립천문대 제도가 2,000년의 긴 세월 동안 존속하여 오늘에 이르고 있다는 것이다. 유럽에서 국립천문대가 설립된 것은 근대국가가 성립하고부터여서 영국의 그리니치 천문대의 역사도 17세기에 시작된다. 그리스나 중세 유럽, 그리고 천문학에 깊은 관심을 가졌던 이슬람 제국에서는 때로 권력자의 손에 의하여 천문대가 설립되는 일이 있었어도 그 권력자가 실각하거나 죽거나 하면 천문대는 폐지되었다. 이슬람 제국의 국립천문대는 그 존속기간이 길어야 30년 가량이었다.

국립천문대가 하는 일

중국의 국립천문대에서 하던 일은 당대(唐代)의 예로 말하면 1) 역법의 연구와 매년 역의 제작, 2) 천문관측과 그에 따른 점성술, 3) 시간측정과 보시(報時)의 세 종류였고 각각 후계자를 양성하는 일이 부가되었다. 역법의 연구에는 동지의 일시를 측정하여 1년의 정확한 길이를 결정하는 천문관측이 행해졌는데 그 중심은 역계산을 개량하여 어떻게 정확하게 천체현상을 예보하는가였다. 따라서 천문관측의 주요한 부분은 주로 점성술 때문이었다. 천문학자들은 끊임없이 천체현상을 관측하여 어떤 이상한 현상이 나타나면 그것에 대한 길흉의 판단을 붙여서 천자에게 상주하는 일을 의무로 하고 있었다. 천문관측의 결과는 국가의 위급존망을 미리 아는 것이었기 때문에, 말하자면 국가의 기밀에 관한 것이어서 민간학자가 자유로이 연구할 수 있는 것은 아니었다. 이러한 학문의 폐쇄성은 천문학 자체의 기능과 깊은 연관이 있었다. 천문관측이 이렇게 중요한 역할을 하고 있었기 때문에 중국에서는 2,000년에 걸쳐서 왕조사 속에 천문지(天文志)의 장을 두어 천문관측 기록들을 전하게 되었다. 이들 풍부한 기록은 현재의 천문학 연구에 있어서도 귀중한 것이다. 국립천문대의 또 한 가지 기능은 시간측정과 보시이다. 시계로서는 누각(漏刻, 물시계)이 쓰였고, 흔히 종과 북으로 시간을 알렸다. 이것은 밤낮에 걸친 일이며 교대를 위한 인원이 꽤 많이 필요하였다. 당대에는 국립천문대의 정원이 1,000명을 넘고 있는데 그 중에서 많은 사람이 시간을 알리는 일에 충당되고 있었다.

중국에 있어서 점성술의 특색

중국 점성술의 특색은 국가나 지배자의 운명을 점치는 것이어서, 공적(公的) 점성술이라고 할 수 있다. 이것과 대조적인 것은 호로스코프 점성술 horoscopic astrology로서 주로 출생일의 천체 상태에 의하여 개인의 운명을 점치는 것이다. 이 호로스코프 점성술도 그리스에서 성행하여 이슬람 제국과 중세 유럽에 전해져 지금도 구미에서는 믿는 사람들이 꽤 많다. 중국에는 이슬람 제국을 통하여 당대의 끝 무렵인 8세기 후반에는 호로스코프 점성술이 전해졌지만 별로 유행하지는 않았다. 중국의 경우 개인의 운명을 점치는 것은 주로 역서에 써 넣은 역주(曆註)였다. 중국에서 이어받은 일본에서는 지금까지도 대안(大安)이라든가 불멸(佛滅) 등의 역주를 믿고 있다. 년월일 등의 간지와 관련된 것이 중심이 되어 있어서 정확하게는 점성술이라고 부르는 것은 적당하지 않다. 그리스와 중국에서 전혀 다른 점성술의 패턴이 이루어진 것은 각기 그 정치 조직을 반영한 것으로 흥미있는 일이다. 황제를 중심으로 전제 정치가 행해진 중국에서는 서민의 운명은

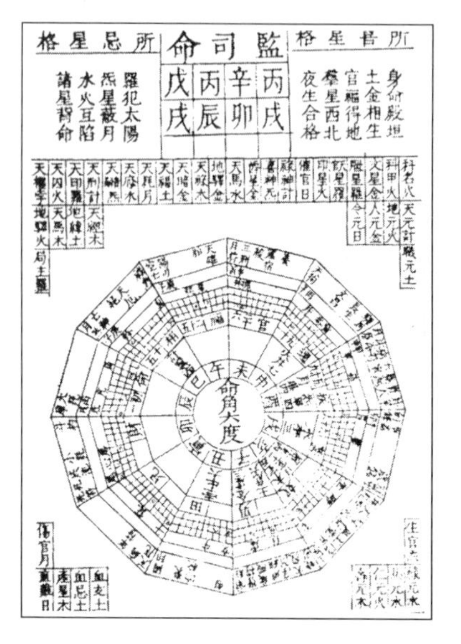

중국의 호로스코프

점성술의 대상이 되지 않았고, 그와 반대로 민주주의가 행해진 그리스에서는 국가나 지배자의 운명은 물론 한 사람 한 사람의 운명에도 중대한 관심이 주어졌다는 것을 단적으로 나타내는 것이다.

관료제의 반영으로서의 별자리 이름

이러한 정치적 자세는 또한 별자리 이름에도 반영되고 있다. 중국에서 별자리가 체계화된 것은 역시 한대여서 『사기』의 천관서(天官書)에서 비롯된다. 이 책에는 점성술과 더불어 별자리를 총괄적으로 기술하고 있는데 천관이란 별자리를 의미한다. 지상에서 관료조직이 정비되어 관료가 각기 그 역할을 다하고 있는 것처럼, 천상에도 궁정을 중심으로 관료가 있어서 그것이 배열된 것이 별자리라는 생각이다. 지금의 별자리 이름은 그리스에서 시작되었으며, 그리스 신화와 연결된 별자리는 매우 로맨틱한 시적 명칭을 가지고 있다. 그런데 중국에서는 거의 관료기구 중의 관명이나 제도를 그대로 하늘에 옮긴 것으로 되어 있다. 물론 그 중에는 28수(宿)나 북두성과 같이 예부터 사람들에게 알려진 별이나 별자리 중에서 지상의 관제와는 관계가 없는 것도 많이 있다. 그러나 대부분은 관료기구가 정비된 한대에 이르러 관료의 일익을 차지하는 천문학자에 의하여 명명된 것으로 생각된다. 거기에는 격식에 얽매인 권위주의의 모습이 엿보여 그리스에서와 같은 시적인 이야기는 겨우 견우와 직녀의 이야기를 빼고는 별로 없다고 해도 좋다. 그러나 유머러스한 면이 없는 것도 아니다. 궁정과 관료를 본뜬 별자리 속에는 천의 화장실이라 할 천측(天厠)이라는 별자리도 있기는 있다. 천상의 관료들도 화장실이 없으면 곤란하기 때문이리라. 『사기』 천관서의 기록에는 별자리 이름이나 그에 속하는 별의 수 등이 거의 완비되어 있으나 그래도 충분하다고는 할 수 없다. 『진서(晋書)』 천문지에는 283별자리

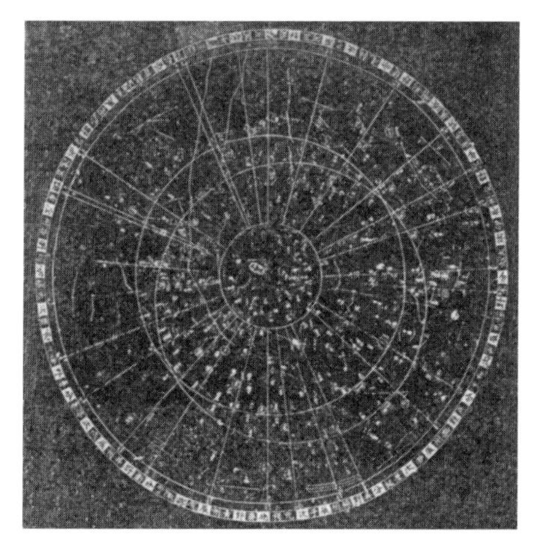

세계 최고의 석각성도(1247년각). 별자리 이름은 한대 이후의 것을 이어 받았다.

1464성으로 되어 있어 이 수가 그 후 중국의 별자리에 이어받아지고 있다. 별의 수로 말하면 그리스의 프톨레마이오스 Ptolemaios(100-170)에 의한 1,022개보다 많다.

바빌로니아 점성술과의 비교

점성술의 성격 면에서 중국과 바빌로니아는 서로 비슷하다. 티그리스 Tigris, 유프라테스 Euphrates의 두 강 유역에서 일어난 바빌로니아 문명은 천문학 면에서 그리스에 큰 영향을 미치고 있다. 정치조직 면에서는 왕을 중심으로 해서 사제(司祭)계급이 권력을 쥐고 있어서 중국과 같은 관료국가는 아니었지만 전제국가였다는 점에서는 비슷했다. 그러한 정치정세를 반영하여 점성술도 공적인 점성술만이 발달했다. 더욱이 그 기록에는 중국의 그것과 비슷한 것이 적지 않다. B.C. 7세기경의 아슈르바니팔 Asshurbanipal(B.C. 669-626) 왕이 니네베 Nineveh에 세운 도서관의 유지(遺址)에서 발굴된 서판 tablet의 점성기록과 『사기』 천관서의 그것과 조금 비교해 보자.

서판 : 역행(逆行) 뒤에 화성이 전갈자리에 들어가면, 왕은 그 움직임을 주의 깊게 지켜보지 않으면 안 된다. 불경한 날이므로 궁정에서 나오면 안 된다.

사기 천관서 : 화성이 각(角, 처녀자리)에 침입하여 머물면 전쟁이 일어난다. 또 화성이 방(房, 전갈자리), 심(心, 전갈자리)에 들어가는 것도 왕에게는 흉조이다.…… 심은 명당(明堂)이며 화성의 묘(廟)이다. 그래서 주의깊게 그 모습을 지켜볼 필요가 있다.

서판 : 화성이 별자리(명칭은 알려져 있지 않음)에서 금성의 왼편에 있으면 아카드 Akkad에 황폐가 일어난다.

사기 천관서 : 화성이 금성을 따르면 군(軍)은 혼란하고 금성에서 떨어지면 군은 퇴각한다.

서판 : 수성이 금성에 가까이 가면 왕은 강력해지고 적은 압도된다.

사기 천관서 : 수성이 금성과 함께 동방에 나타나 두 별이 모두 붉게 반짝반짝 빛나면 외국은 크게 패하고 중국이 이긴다.

바빌로니아 문명이 그리스의 선구가 된 데서 유럽의 중국학 학자들 사이에는 중국문명도 다분히 바빌로니아의 영향을 받았다는 설이 과거에 있었고, 또 지금도 그러한 설이 전혀 없어진 것은 아니다. 확실히 바빌로니아와 중국문명의 유사점은 몇 가지 들 수 있다. 지금 비교해 본 점성기록도 그 중의 하나이다. 그러나 멀리 떨어진 문명이 한쪽에서 다른쪽으로 과연 전해졌는지는 그리 간단히 결론지을 수 있는 것은 아니다. 중국이 서방의 영향을 받은 것이 명확해지는 전국시대에 이미 바빌로니아는 멸망했고, 그 지방에는 이란이나 그리스 문명이 들어와 있었다. 따라서 만일 중국에 바빌로니아의 영향이 미쳤다 하더라도 그것은 순수한 모양으로는 아니고, 고대 문명의 일환으로서 전해진 데 불과한 것이다. 여기서는 그러한 문명의 전파를 문제로 하는 것이 아니고 전국시대 이후에 있어서의 점성술이 어떤 것이었는지를 예시한 데 지나지 않는다. 이 예에서도 볼 수 있는 것처럼 공적 점성술에서는 행성의 위치나 행성 상호간의 관계 등이 주요한 관측의 대상이 된다. 물론 이 밖에 잡다한 천문현상이 점(占)의 대상이 되었던 것이다.

4 수학의 패턴

관료가 배운 수학

천문학과 아울러 수학은 가장 일찍부터 발전한 과학의 분야이다. 이미 은대의 갑골문 속에는 곱셈에 필요한 〈99표〉가 씌어 있다. 지금은 〈1·1은 1〉에서 시작하여 〈9·9 81〉에서 끝나는 99표는 갑골문에서는 〈9·9 81〉에서 시작되고 있다. 유교의 고전의 하나인 『주례』는 그 저작연대가 확실치 않지만 그 내용은 주대의 봉건제도를 이상화한 것으로 아마도 한대에 완성된 것이라고 생각해도 좋을 것이다. 그 안에는 관리의 자제들이 배워야 할 것으로 예(禮), 악(樂), 사(射), 어(御), 서(書), 수(數)가 열거되어 있어 이것을 육예(六藝)라고 불렀다. 예(藝)란 일반적으로 기술을 가리키고 있어 영어의 art의 뜻과 아주 비슷하다. 일본의 에도(江戶) 시대에는 읽기, 쓰기, 주산(珠算)의 세 가지를 배웠는데, 이것은 서민의 자제에 대한 것이었다. 그런데 이렇게 수학은 관료의 자제들의 필수 학문으로서, 이것으로 중국 수학의 성격이 스스로 형성되었다고 해도 좋다. 중국 최초의 수학책으로 현존하는 『구장산술(九章算術)』은 전한시대를 통하여 완성된 것으로 당 및 그 이전의 수학책을 대표하는, 정도가 높은 것일 뿐만 아니라 중국 수학의 패턴을 훌륭하게 나타내고 있다. 그 이름이 나타내는 것처럼 이 수학책은 9장으로 나누어졌는데 그 제1장 〈방전(方田)〉은 여러 가지 모양을 가진 전지(田地)의 넓이를 측정하는 계산법을 설명하고 있다. 국가재정의 중심을 농업생산에 둔 중국에서는 토지로부터의 세수입을 확실하게 하기 위하여 전지의 측량이 필요했다. 이렇게 관료에 필요한 수학이 먼저 그 첫 부분에 나와 있다. 첫번째 문제를 번역하면 다음과 같다.

문제 : 가로 15보, 세로 16보의 밭이 있다. 그 넓이는 얼마가 되는가?

답 : 1무(畝)

중국의 1무는 일본의 1무(아르)보다 훨씬 크지만 보를 단위로 잡으면 240평방보에 해당한 것을 계산으로 알 수 있다. 이 문제에서 주어지고 있는 것처럼 『구장산술』에 기술된 문제는 거의가 실용적인 것이어서 구체적인 수치를 다룬 것이다. 『구장산술』은 산술이나 대수에서 처리되는 종류의 문제가 포함되며, 더욱이 모두 수계산이라는 데 큰 특색이 있다.

논리적 기하학의 결여

오쿠라 긴노스케(小倉金之助) 박사는 같은 시대의 그리스와 비교하여 『구장산술』의 수계산이 매우 고차적인 것이라고 평가하고 있는데, 다만 여기에는 그리스의 유클리드 기하학에 필적하는 것은 전혀 찾아볼 수 없다. 〈방전〉에서는 평면도형의 넓이계산이 다루어지고 있고, 다른 장에서는 상당히 복잡한 입체도형의 부피계산도 다루고 있다. 그러나 유클리드 기하학과 같이 도형의 정성적인 성질을 논한 곳은 없다. 수계산에서 중국보다 약간 뒤진 그리스에서는 기하학에서 그 유례를 볼 수 없는 성과를 올렸다. 유클리드 기하학은 장대한 건조물과 비슷하여 처음에 그 기틀로서 정의, 공리, 공준(公準)이 있고, 거기서 출발하여 필연적인 논리적 귀결로서 정리의 증명이 이루어진다. 중국에서는 『묵자』 중에서 논리학의 싹이 엿보이지만, 그 뒤 거의 발전하지 않은 것은 위에서 말한 대로이다. 그에 반하여 그리스에서는 아리스토텔레스 Aristoteles(B.C. 384-322)에서 형식논리학의 완성을 보이고 있으니 논리학의 발달은 서방문명에 있어서의 학문의 엄밀성을 추구하는 데 얼마나 공헌하였던가! 유클리드 기하학도 이러한 엄밀한 사고체계 위에 세워진 것으로서 더욱이 문제를 다루는 데 있어 개개의 도형이 수계산이 아니라 도형에 공통되는 일반적 성질을 추구하는 것을 주안(主眼)으로 하였다. 예를 들면 〈3각형의 내각의 합은 2직각이다〉라는 명제는 개개의 3각형을 넘어서 3각형 일반에 공통되는 정성적인 관계였다. 하나하나에서 출발하여 일반적으로 성립하는 법칙을 추구하는 것이 과학연구의 방법이라고 한다면 유클리드 기하학은 이미 그러한 과학적 방법을 확실히 나타낸 것이라고 하겠다. 이에 대하여 『구장산술』로 대표되는 중국 수학에는 유클리드 기하학과 같은 것은 전혀 볼 수 없다고 해도 좋다. 우선 직선, 평행선, 원 등의 도형에 대한 정의도 없거니와 추론의 출발점이 되는 공리도 찾아볼 수 없다. 또한 도형 일반에 공통되는 성질을 추구하는 일도 거의 하고 있지 않다. 유클리드 기하학을 가지고 일반적으로 기하학을 대표하게 한다면 중국 수학에는 기하학이 결여되고 있다고 해도 좋겠다. 더욱이 이러한 중국 수학의 패턴은 『구장산술』에서 시작하여 후세의 수학이 그것을 오랫동안 답습해 온 것이다.

그리스 천문학에서는 기하학적 모델에 의하여 지구중심설을 체계적으로 조직했지만, 이러한 학설이 생긴 것은 그리스에 기하학이 있었던 것과 밀접한 관련이 있다고 생각할 수 있다. 만일 이 견해가 옳다고 한다면 중국 천문학에 우주구조론이나 이론적인 천체운동론이 충분히 발달하지 않은 채로 끝난 것은 중국 수학의 성격과 이어지는 것이라고 결론지을 수 있을 것이다. 그리스 수학과 비교하면 중국 수학은 아주 대조적이라 해도 좋다. 그러나 그것은 중국 수학에 특유한 것이 아니라 바빌로니아나 인도의 수학도 중국의 수학과 매우 비슷하다는 것이 주목된다.

수계산법의 발전

기하학이 결여된 중국 수학은 그래도 수계산에서 뛰어난 방법을 전개해 왔다. 『구장산술』에는 각종 도형의 수치계산은 물론 다원1차방정식이나 1원2차방정식의 해법 등 매우 고차적인 계산이 다루어지고 있다. 특히 주목되는 것은 계산 속에서 음수가 양수와 함께 다루어지고 있는 것이다. 중국에서는 산목(算木)으로 수치를 나타냈는데, 그것을 붉은색과 검은색으로 구분하여 붉은 산목을 양수, 검은 산목을 음수로 하여 그들 사이의 가감, 곱하기 등은 지금의 대수학에서의 양음의 계산과 꼭같은 것이었다. 유럽 수학에서 음수가 등장하는 것은 17세기의 데카르트 Rene Descartes(1596－1650)부터라고 하는데 음수와 양수를 꼭 같은 카테고리 category라고 생각했는지는 별문제로 하고 한대에 이미 음수의 계산이 행해졌다는 것은 수치계산에 있어서의 중국인의 뛰어난 능력을 나타내는 것이라고 하겠다. 이러한 능력은 또 수학방정식의 해법에서도 볼 수 있다. 중국 수학에서의 방정식은 모든 계수가 구체적인 수치여서 현재의 대수방정식과 같이 a, b, c 등의 문자를 가지고 계수를 나타내는 일은 없다. 유럽에서는 19세기 초 호너 William George Horner(1786－1837)에 의하여 수학방정식을 기계적으로 푸는 방법이 발견되어 그것을 호너의 방법이라고 부르고 있는데, 이 방법의 선구는 이미 『구장산술』에 나타나 13세기의 송대에 완성되었다. 호너에 비하여 약 6세기를 앞서고 있는 것으로 보아 이것도 중국인의 우수한 계산능력을 나타내는 것이라 할 수 있다.

유휘의 업적

『구장산술』은 삼국시대 위(魏)의 유휘(劉徽)에 의하여 자세한 주석이 붙여졌다. 3세기 중엽이 지나서이다. 수학사가로 유명한 미카미 요시오(三上義夫)는 유휘를 가리켜 〈동서고금을 통하여 수학계의 큰 위인이었다〉고 격찬하고 있고, 주석 자체가 독창적인 연구였다. 그 중 하나는 원주율의 계산법이다. 『구장산술』에서는 원주율을 3으로 하고 있는데, 한대 사람들이 이 이상 정확한 값을 몰랐을 리는 없다. 유휘는 내접6각형에서 나아가서 그 변의 수를 차례로 2배하여 이러한 정다각형의 극한으로 원주의 길이를 구하려 하였다. 최종적으로는 무한 등비계수의 극한과 비슷한 생각을 바탕으로 원주율의 값으로 3.1416이라는 값을 얻었는데, 실제의 계산에서는 3.14를 사용하였다. 『구장산술』의 〈쇠분(衰分)〉장(章)에서는 개방(開方)의 계산이 다루어지는데 제곱근풀이한 결과가 단수(端數)를 가지게 되는 경우, 유휘는 소수(小數)를 쓰고 있다. 이러한 소수의 사용도 유휘에서 시작되는 중국인의 독창으로서 서방 여러 나라의 수학보다 앞서고 있다. 또 같은 책의 〈상공(商功)〉 장(章)에서는 여러 가지 입체의 부피 계산이 다루어지고 있는데, 『구장산술』에는 계산식을 줄 뿐 그것이 어떻게 유도되는지를 설명하고 있지 않다. 유휘는 그 하나하나에 대하여 계산식을 구하고 있는데 복잡한 입체의 경우, 그것을 몇 개의 간단한 입체로 분해하여 나중에 그것들의 합으로서 처음의 입체 계산식을 유도해 내고 있다. 이것은 극히 직관적인 기하학적 방법이라 할 수 있을 것이다. 이미 말한 것처럼 중국에서는 논리적인 기하학은 생기지 않았지만 계산식을 구하는 데 있어서 때때로 도형을 매개로 하는 기하학적 방법에 의존하고 있는 것이다.

중국의 수학서로서 『구장산술』만큼 뛰어난 것은 13세기까지 씌어지고 있지 않다. 그러나 13세기 이후가 되어도 『구장산술』은 큰 영향을 남기고 있으며, 또한 수계산을 중심으로 하는 중국 수학의 패턴은 거의 변화하고 있지 않다.

5 『황제내경』과 『상한론』

살아 있는 전통의학

중국의 전통을 이어받은 천문학이나 수학은 근대의 그것에 압도되어 이미 현재의 학문으로 살아 있지 않다. 그렇지만 전통의학은 〈중의(中醫)〉의 이름으로 불리며 활발히 연구되어 지금도 많은 신봉자를 가지고 있다. 일본에서도 한방의학을 믿는 사람이 늘어나고 있지만, 중국에서는 국가의 적극적인 보호를 받아 그것으로 때때로 기적적인 치료가 행해지는 것이 보고되고 있다. 근대 의학이 발전해도 낫지 않는 병은 여전히 많고, 또한 전통의학이 할 수 있는 영역이 남아 있는 것도 그 큰 원인이지만 아울러 전통의학의 기본적 원리가 중국인의 마음 속에 깊이 뿌리박고 있기 때문일 것이다. 지금도 수천 년의 역사를 갖는 전통의학이 살아 있는 것은 인도와 중국이지만, 이 나라들에서는 전통의학이 독자적인 문명을 상징하는 듯하다. 그런데 중국에서는 의학 역시 한대에 일단 완성을 본 것이다.

약물로서의 본초

고대 사회에서는 기술이 때때로 신인(神人)에 의하여 발명되었다고 한다. 이 생각은 그리스에서도 찾아볼 수 있고 중국에서도 마찬가지이다. 태고시대에 신농씨(神農氏)는 백초(百草)를 시험하여 약물로서의 효능을 알았다고 전해지고, 지금도 신농씨는 약조신(藥祖神)으로서 받들어지고 있다. 원래 신농씨는 전설상의 인물로서, 중국에 있어서 약물의 지식은 많은 경험을 통해서 점차 풍부해졌다. 전국시대가 되면서 그 지식은 급격히 불어난 것 같고 더욱이 진(秦)에서 한에 이르는 시대에는 일종의 마법사인 방사(方士)가 불노불사의 약을 구하려 활약한 일도 있어서 한층 풍부해졌다고 생각된다. 중국에서는 약물을 〈본초(本草)〉라고 부르고 있는데 이 용어는 한대에 와서 처음으로 사용되었다. 약물의 주체가 식물성이었던 데서 이 용어가 생긴 것 같다. 이 용어가 생긴 한대에는 본초의 지식이 꽤 정비되어 있었던 것 같다. 6세기 초에 양(梁)의 도홍경(陶弘景)에 의하여 편찬된 『신농본초경(神農本草經)』은 고대 약물학의 대표적 저술인데 한대 이후의 지식을 집대성한 것이라고 생각해도 좋을 것이다.

치료의학서로서의 『상한론』

한대에서의 상태가 충분히 명백하지 않은 약물학에 반하여 이 시대의 의학서로서 『상한론(傷寒論)』과 『황제내경(黃帝內經)』을 들 수 있다. 먼저 『상한론』은 후한시대 A.D. 200년경 장중경(張仲經, 이름은 機)에 의하여 편찬된 것이다. 그는 장사(長沙) 태수가 된 고급관료인데, 당시 고열이 나는 유행병이 만연하여 수백 명에 이르는 일족이 죽었기 때문에 이 책을 썼다고 한다. 아마도 장티푸스와 같은 병이었다고 생각된다. 장중경은 의사 출신은 아니어서 이것을 저술할 때 전문가의 의견을 들었을 텐데 중국에서는 단순한 의술의 전문가보다도 유학의 높은 교양을 가진 의사가 존경받았다. 또 근친의 병이 동기가 되어 의학을 배우거나, 의학상의 저술을 한 일은 후세에서도 드문 일이 아니었다. 어쨌든 이 『상한론』은 직접적으로 치료에 필요한 책으로서 뛰어난 것인데 후세에 매우 큰 영향을 주었다. 특히 금(金)·원(元) 무렵에는 『상한론』의 연구가 활발해져 그 영향은 일본에 미쳤으며 에도 시대 의사의 필독서였다. 맥(脈)에 의한 병상(病狀)의 진단을 중심으로 하여 병을 치료하기 위한 처방이 나와 있다. 이 처방들은 단지 열성 유행병에만 소용될 뿐 아니라 일반적인 병에도 효과가 있다.

기초의학서로서의 『황제내경』

『상한론』은 저작연대가 분명히 알려져 있지만 이와 함께 중국 의학서를 대표하는 『황제내경』은 저자도 그 저작연대도 확실하지 않다. 전하는 바에 의하면 전국시대에 씌어져서 진(秦), 한의 학자에 의하여 증보되었다고 한다. 그 완성은 전한시대라고 보아도 틀림없다. 황제(黃帝)는 한민족의 시조로 숭앙되는 전설상의 성천자(聖天子)이며, 또 의학의 진보에 공헌했다고 알려져 있다. 약물의 발견자를 신농씨라고 하는 발상과 같이 뛰어난 기술이 모두 초인(超人)에 의하여 시작되었다고 하는 고대 특유의 사상에서 생긴 명칭이다. 본문은 황제와 그의 신하인 기백(岐伯)과의 문답형식으로 씌어졌는데 전체적으로는 『소문(素問)』과 『영추(靈樞)』의 이경(二經)으로 나뉜다. 『영추』는 중국 특유의 치료법인 침구술(鍼灸術)을 말한 것이다. 침구술은 일찍이 전국시대의 명의인 편작이 쓴 것이어서 지금도 한방약과 함께 중국 의학의 중심이라 하겠다. 이에 대하여 『소문』은 중국 의서로서는 드물게 인체의 생리, 병리를 설명한 것이다. 『상한론』과 같은 치료서를 경방(經方)이라 부르는데 대해서 소문과 같은 책은 의학의 원리를 설명한 의경(醫經)으로 분류된다. 그리고 여기에는 중국인의 우주관이 반영되어 인체기능의 철학적 고찰이 행해지고 있다. 천지라는 대우주에 대하여 인간은 그 사본인 소우주로서 대우주가 음양의 기의 조화로 이루어져 있는 것처럼 인간도 또한 그 음양의 기를 받아서 생존한다. 만일 이 음양의 기가 조화를 잃으면 병이 생긴다는 것이 『소문』에서 말하는 병리설이다. 『상한론』에서는 오행설에 의한 해석이 행해진다. 내장은 오장육부(五臟六腑)라고 불리는데 주요한 기관인 오장은 오행설과 관련된다. 오장의 간(肝), 심(心), 비(脾), 폐(肺), 신(腎)은 오행의 목, 화, 토, 금, 수에 배당되고, 또 산(酸), 고(苦), 감(甘), 신(辛), 함(鹹) 등의 오미(五

味)에 배당된다. 이러한 오행설에 의한 배당은 『상한론』의 경우와 같이 금·원시대에 『소문』이 활발히 연구됨과 더불어 약리학면에서도 큰 영향을 미치게 되었다.

내과를 주로 하고 외과는 외면하다

중국의 의학은 기본적으로 『황제내경』과 『상한론』에서 발전되어 갔다. 천지의 기를 받아서 생존하는 인간에게 있어 병은 모두 체내의 기의 부조화에서 일어나는 것이어서 음양 이원론의 입장으로는 음의 기가 부족하면 음의 기를 보하는 처치가 행해진다. 오행론의 입장에서도 거의 같은 생각에서 투약이 행해진다. 다만 이때에는 한층 복잡한 약이론이 필요해진다. 이러한 중국인의 의학관에서는 현대 의학의 분류에서 말할 때 내과가 그 주체가 된다. 후한시대에 화타(華佗)라는 명의가 있어 마불산(痲沸散)이라는 마취약을 써서 대담한 외과수술을 했다는 것이 당시의 문헌에 기록되어 있다. 마취약의 사용은 소독법과 함께 근대 외과 성립의 기반이 된 것으로 후한시대에 이미 마취약이 사용되었다는 것은 믿기 어려운 것으로 생각된다. 어쨌든 후세에 있어 중국의 외과라고 한다면 피부 표면에 생긴 종기를 치료하는 정도여서 거의 발달하지 않은 채로 끝났다. 중국의 전통의학에서 외과가 발달하지 않은 데는 여러 가지 이유가 있을 것이다. 〈신체 발부를 부모에게 받았기〉 때문에 이것을 다쳐서는 안 된다는 유교적 윤리를 가지고 그 이유의 하나로 하는 설이 있으나 이것만으로는 충분히 설명되지 않는다. 유럽에 있어서의 외과학은 전쟁과 연결되어 발달하고 있어서, 특히 화기의 사용이 성행했던 시기에 근대 외과학이 일어나고 있다. 그 이전의 외과수술은 지위가 높은 의사의 일이 아니고 이발사의 부업이었다고 한다. 마찬가지로 중국에서도 외과수술이 경멸되어 왔던 것으로 생각된다.

기술자의 지위

과거 사람들의 기술관(技術觀)은 기묘한 이면성을 가지고 있다. 한편에서는 기술의 창시자를 초인적인 신인(神人)으로 생각하면서, 그 반면에서는 기술에 종사하는 사람들을 극단적으로 천시하고 있다. 그러나 중국의 경우 기술자의 지위는 오히려 비교적 높았던 것으로 생각된다. 또 관료국가였던 중국에서는 고급관료 중에서 기술상의 업적을 쌓은 인물이 적지 않게 나오고 있다. 장중경(張仲景) 등도 그 중 한 사람이어서 후세에도 그런 예는 드물지 않다. 현재 중국에서 전문기술자인 테크노크라트 technocrat를 배격하는 운동이 있는데 기술이 전문가의 독점이라는 것은 사상적으로도 실제로도 과거의 중국에서는 별로 강하지 않았던 것같이 생각된다. 이러한 전통이 현재까지 살아 있는 것인지도 모른다.

6 실크로드를 따라서

동서교통로가 열리다

진·한 이전에도 동서문명의 교류가 있었다. 서방문명에 미친 중국의 영향이 지금까지는 충분히 알려져 있지 않았지만 중국에서는 앙소문명의 시대부터 서방의 영향을 많이 받았던 사실이 밝혀지고 있다. 그러나 동서의 교섭이 두드러지게 드러난 것은 한무제 때인 B.C. 100년 전후부터이다. 중국의 비단이 로마로 실려가게 된 데서 실크로드 Silk Road란 이름으로 알려진 동서의 교통로가 무제시대에 열려 중국의 지배가 처음으로 동투르키스탄 Turkistan에 미치게 된 것이다.

한은 건국 초기부터 북방의 흉노(匈奴)의 침략에 시달려 왔다.

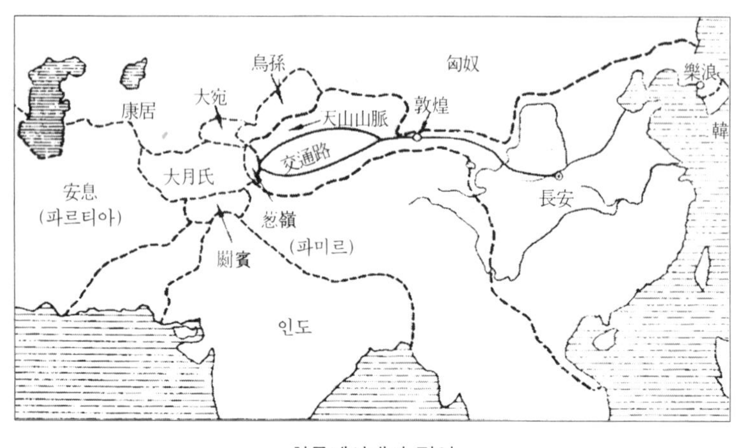

한무제시대의 경역

흉노의 왕인 단우(單于)에게 공주를 주거나 많은 견직물 등을 보내서 굴욕적인 화친정책으로 흉노의 예봉을 피하고 있었다. 그런데 무제 때에 와서 B.C. 129년부터 한은 비로소 공세로 전환하여 그 뒤 몇 번의 원정으로 흉노에게 결정적인 타격을 줄 수 있게 되었다. 무제는 즉위하면서부터 흉노 정벌을 염원하고 있었는데 본격적인 흉노 정벌을 하기 전에 서투르키스탄을 지배하고 있던 대월씨(大月氏)와 손을 잡고 흉노를 협공할 계획을 세웠다. 그 때문에 당시 아직도 흉노가 지배하고 있던 실크로드를 통해서 대월씨에게 사신을 파견하게 되어 그 사자로 뽑힌 것이 유명한 장건(張騫)이었다. 그는 B.C. 139년에 100여 명의 종자(從者)를 데리고 어려운 여행을 떠났는데 예기했던 대로 흉노에게 잡혔다. 10년 가까이 지나고 나서 탈출에 성공하여 그는 먼저 대완국(大宛國, 소련령 페르가나 Ferghana 지방)에 가서 대월씨의 나라에 도달할 수 있었다. 당시의 대월씨는 아프가니스탄 북부에 있는 그리스인의 왕국 박트리아 Bactria(大夏國)를 그 지배하에 둔 부유하고 안정된 국가가 되어서 한의 희망한 대로 전쟁 협력에 동의하지 않았다. 대월씨에 1년 가량 머무른 뒤 그는 돌아오는 길에 다시 흉노에게 잡혔지만 출발 후 13년이 지난 B.C. 126년에 겨우 귀국할 수 있었다. 장건이 귀국한 무렵에는 무제의 흉노 정벌은 착착 성공하고 있어, 수도 장안에서 신강성(新疆省)으로 빠지는 감숙(甘肅)의 회곽(回廓)지대가 한의 손아귀에 들어가고, 돈황(敦煌), 그 밖의 하서(河西) 사군(四郡)이 설치되어 한의 위세는 서역(西域)지방에 미쳤다. 장건이 가져온 서역 여러 나라에 관한 지식이 무제의 서역 경략에 유용하였음은 말할 나위 없다.

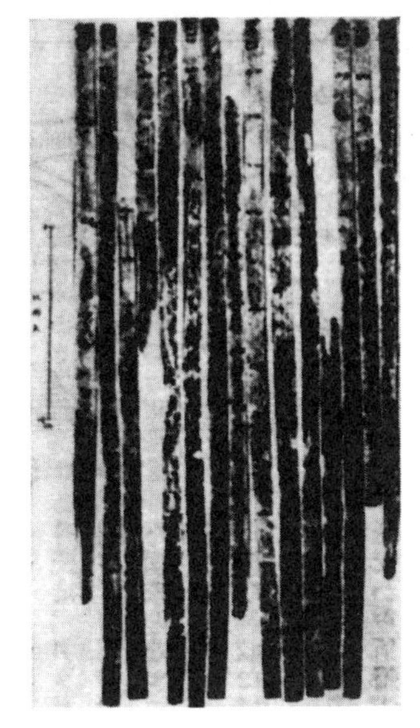

한대의 목간에 새겨진 달력
(돈황 발견)

서투르키스탄 땅에는 그리스나 인도 문명의 영향이 미치고 있었다. 장건이 갔던 대하국(大夏國)은 아직 그리스의 식민지였는데 그는 거기서 중국의 산물을 볼 수 있었다. 그것은 사천성(四川省)의 촉포(蜀布)와 공죽장(邛竹杖)이라는 죽제품이었는데 버마 루트를 경유하여 인도에 전해지고 아프가니스탄까지 실려간 것이었다. 직접 중국에서 인도에 이르는 교통로가 이미 장건 이전에 열리고 있었던 것이다. 또 장건은 대완국에 훌륭한 명마(名馬)가 있는 것을 알았다. 세상에 유명한 한혈마(汗血馬)였다. 당시의 전쟁은 기마(騎馬)가 중심이 되어 있었기 때문에 무제는 그것을 손에 넣으려고 B.C. 104년에 대완국으로 원정하였다. 처음에는 실패하였지만 두번째 원정에서는 마침내 대완국의 수도를 공략하였다.

서역에서 전해진 것

장건의 여행과 그 후 무제의 서방 경략의 결과 실크로드는 거의 완전히 한에 의하여 확보되었다. 그것은 중국문명에 있어서 매우 큰 의미를 가지고 있다. 먼저 여러 가지 서역의 산물이 중국에 수입된 것을 지적할 수 있다. 15세기 말에 아프리카 대륙이 발견된 지 얼마 후 담배, 고구마, 호박, 옥수수 등이 유럽에 건너간 것처럼 재배식물이 중국으로 수입되었다. 기다무라 시로(北村四郎)의 연구에 의하면 포도, 참깨, 오이, 말의 사료 등은 모두 B.C. 1세기경에 전해진 것으로 생각된다. 또 서방 여러 나라에서 지금도 과일로 귀하게 여기는 석류는 중국에서 안석류(安石榴)라고 부르고 있는데, 이것은 B.C. 3-A.D. 4세기에 페르시아에 세워진 파르티아 Parthia 왕국과 관련된 이름일 것이다. 파르티아 왕국의 초대 아르사키드 Arsacid의 이름을 따서 『사기』 이래로 이 나라를 안식(安息)이라 부르고 있는데 안석(安石)과 안식은 같은 음이다. 이 과일도 또한 장건에 의하여 중국에 들어왔다는 설이 있다. 이른바 장건물(張騫物)이라고 불리는 많은 것들이 아마도 장건 자신이 들여온 것은 아니겠지만 그 대부분은 B.C. 1세기경에 전해지고 있다. 파르티아는 중국과 로마를 잇는 중간에 있어서 비단무역에 의해 이익을 얻고 있었다. 파르티아의 역사는 차츰 밝혀지고 있지만 유감스럽게도 중국이 서역에 미친 영향은 거의 알려져 있지 않다.

그리스 천문학의 동점(東漸)

B.C. 1세기경 무제의 대완 정벌로 상징되는 것처럼 한과 서역의 교류는 상당히 빈번했다고 생각해도 좋을 것이다. 『석씨성경(石氏星經)』이라고 불리는 성표(星表)의 연구에서 필자 자신은 B.C. 1세기 초에 그리스의 천문학이 전해지고 후세에 혼천의(渾天儀)라는

현존하는 혼천의(명대 제작)

이름으로 알려진 천문관측기는 그 결과로 만들어진 것으로 추정한 바 있다. 그리스에서는 B.C. 2세기 중엽에 유명한 천문학자 히파르코스 Hipparchos(B.C. 190-126)가 항성을 관측했는데, 그때 혼천의의 원형이라고도 할 수 있는 것이 사용되었다. 또 히파르코스는 기하학적 모델을 써서 천체 위치를 계산하는 데 성공하였다. 그 후 A.D. 2세기 중엽에는 천문학자 프톨레마이오스가 히파르코스의 업적을 집대성하고 거기에 그 후의 새로운 발견을 첨가했다. 그리스와 교류가 있던 인도에서는 기원후 어떤 시대에 그리스 천문학이 수입되어 그것에 바탕을 둔 천문서가 몇 가지 씌어졌는데, 그 책에는 프톨레마이오스가 보충한 부분이 없고 오히려 히파르코스의 업적에 의거한 것이라고 추정된다. 그러고 보면 기원 전후 2세기 가량 되는 동안에 그리스 천문학이 동쪽으로 전해져 인도로 가는 도중의 지점에서 얼마 동안 정체하고 있었던 것 같다. 그 도중에는 파르티아가 개재(介在)하는데 B.C. 1세기경에는 로마의 세력이 이 나라에 미쳐 한때 파르티아의 지배하에 있던 바빌로니아의 고지가 로마의 지배하에 떨어졌던 일이 있었다. 그리스의 천문학이 이렇게 활발하게 교류되는 동안에 파르티아에 전해지고 또 서역 여러 나라를 거쳐 중국에 전해졌다고 해도 별로 이상하지는 않을 것이다.

이질적인 문명의 받아들임에 의해서 전통적 문명이 크게 흔들리는 일은 역사상 때때로 일어나고 있다. 그러나 중국과 서역 사이에는 험준한 산이나 사막이 가로놓여 있어서 그 사이의 교류는 반드시 쉬운 일이 아니다. 따라서 B.C. 1세기에 있어서의 서방문명의 영향을 입증하는 자료는 적다. B.C. 1세기 말에 중국에서는 신비적인 참위사상(讖緯思想)이 유행하여 유교의 경서에 대하여 그것을 보충하는 많은 위서(緯書)가 씌어졌다. 이것들은 장래의 예언을 중심으로 한 기괴한 내용의 것이지만, 기원후의 후한시대에 활발히 읽혀 그 내용이 권위를 가지고 받아들여졌다. 한대에 있어서의 신비사상은 진 · 한 이래의 신선사상(神仙思想)으로서 번성했지만, 이 참위사상의 계보는 아직도 명백하지 않은 것으로 생각된다. 당(唐)대 무렵에 서역의 점성술이 전해진 것처럼 멀리 떨어진 나라로부터는 본격적인 학문은 전해지기 어렵고 오히려 어느 정도 종교적인 신비사상이 전해지는 일이 많다. 물론 참위사상이 서역과의 교류에 의하여 생겼다는 것은 추측에 불과하다. 이 이상의 논의는 피하겠지만 후한에 이르러 유교가 형성되는 데도 참위사상을 권위라고 생각하는 후한의 사회상에서 그 원인을 찾아볼 수 있을 것이다.

불교의 전래와 영향

서역과의 교류에 의해서 불교가 중국에 들어왔다는 것은 무엇보다도 동서교류상 가장 중대한 사건이었다. 불교가 중국에 들어온 것은 후한 제2대 명제(明帝)의 시대라 한다. 어느 날 밤 명제는 꿈에 금인(金人)을 본 것이 동기가 되어 사자를 천축(天竺)에 파견하여 불법(佛法)을 묻게 하였다. 많은 수행원을 거느린 사자는 실크로드를 지나 천축에 가서 많은 경권(經卷)을 백마 등에 싣고 후한의 도읍 낙양으로 돌아왔다. A.D. 67년의 일이다. 이때에 축법란(竺法蘭) 등의 인도인 고승도 동행해 왔다. 명제는 낙양에 백마사(白馬寺)를 세워 여기에서 중국의 불교가 유행하게 되었다. 그러나 불교의 전래는 이보다 얼마간 일찍 이루어져 B.C. 1세기 끝무렵에 들어와 있었다는 설이 유력하다. 불교의 전래가 중국인의 종교나 사상에 큰 변혁을 가져오게 한 것은 여기서 말할 필요조차 없다. 그것은 비단 중국만의 일이 아니라 일본을 포함한 이웃 여러 나라에 대해서도 마찬가지다. 후한의 말기쯤에 도교가 종교로서 성립하는 것도 불교의 영향을 무시하고는 생각할 수 없다. 더욱이 불교 전래의 영향은 불사(佛寺)의 건축이나 불상의 주조 등 기술적인 면에도 미쳤다. 인도에서는 불교가 널리 민중에게 포교되는 과정에서 여러 가지 학문을 그 속에 흡수했다고 한다. 인도의 전통적인 의학, 천문학, 그리고 점성술과 같은 것도 불교와 함께 전하여 왔다. 물론 이것들이 한역불전(漢譯佛典)에 소개되고 있는 것만으로는 옛시대의 저차적인 것이어서 과학지식으로서는 그다지 큰 영향을 남기지 않았다.

제3장

신비사상 속에서

1 신비사상과 과학

육조시대의 사회상

후한 왕조가 멸망한 후 3세기 중엽에서 6세기 말까지 거의 300여 년 동안을 위진남북조(魏晋南北朝) 또는 육조시대(六朝時代)라고 부른다. 이 시대를 신비사상이 지배하던 시대로 파악하는 것은 반드시 적당하지는 않을 것이다. 유교에 젖어 있던 중국인 지식층 사이에서 합리주의 정신은 결코 잊혀진 것은 아니었다. 그러나 이 300여 년 동안은 중국에서도 드물게 보는 분열의 시대여서 처음에 위(魏), 촉(蜀), 오(吳)의 3국이 정립(鼎立)하고 그것을 진(晋)이 통일하지만 얼마 후 북방의 이민족이 침입하여 이른바 5호16국의 시대가 된다. 한족(漢族)의 왕조인 진은 강남땅으로 쫓겨나서 동진(東晋)이라고 불렸는데, 화북땅은 이민족인 북위(北魏)에 의하여 통일되고 남방에서는 동진 뒤에 네 왕조가 교체하여 이른바 남북조의 대립이 시작된다. 이민족의 침략에 의하여 중국의 전통은 흔들려서 한(漢)민족에게 있어서는 불안한 시대였다. 그럼에도 불구하고 한족의 왕조에서는 귀족정치가 행해져서 그것이 불안한 사회상을 더욱더 혼란시켜 이단(異端)이라고 생각되는 행동이 지배층인 중국의 지식인 사이에 퍼졌다. 유교적인 윤리를 부정하고 방탕한 생활을 하는 지식인이 적지 않았다. 죽림칠현(竹林七賢)이라 불린 사람들에 의하여 대표되는 것처럼 그들은 가끔 〈청담(淸談)〉의 세계에서 놀았다. 청담이란 육조시대에 유행한 것으로 세속적인 세계를 부정하여 행하는 대화로서 귀족이나 고급관료들 사이에서 활발히 행해졌다. 이러한 사회상을 반영하여 은자(隱者)의 생활에 몸을 맡기는 사람도 있었는데 꼭 히피 족과 같은 행동을 하는 자들도 나타났다. 오석산(五錫散)이라고 부르는 일종의 흥분제를 먹는 것도 유행하였다. 오석산은 독물인 비소(砒素)를 포함하고 있어 먹으면 정신이 상쾌해지고 병자도 일시적으로 나은 것 같은 기분이 되나 이것을 오래 먹으면 여러 가지 부작용이 나타난다. 복용 직후에는 몸 전체가 후끈거려 그것을 발산시키기 위하여 걸어다닐 필요가 있었다. 이것을 행산(行散)이라고 하는데 산보라는 말은 여기서 생겼다고 한다.

도가와 도교

이 시대의 지식인은 유교 이외에 불교나 도교에 한층 깊은 관심을 가졌다. 특히 후자는 육조시대 지식인의 사상과 행동을 지배했다고 해도 좋다. 노장(老莊)사상을 중핵으로 하고 거기에 민간의 토속적 신앙을 섞어서 후한말에 종교로서의 도교가 성립하였다. 이것이 교단(敎團)으로서의 조직을 갖게 되는 것은 북위시대여서 왕실의 보호하에 도교의 사원――도관(道觀)――이 세워져 도교의 승려인 도사들은 우대되었다.

종교로서의 도교와 노장 철학을 중핵으로 하는 사상으로서의 도가(道家)사상과는 일단 구별된다. 그러나 영어에서는 다같이 〈Taoism〉이라고 불려 이러한 사상이나 종교의 신봉자를 〈Taoist〉라고 부르고 있다. 유럽의 학자들은 도교와 도가사상을 구별하고 있지 않다. 둘은 개념적으로는 구별이 가능하지만 현실의 인간을 가지고 생각하면 불가분의 형태로 존재하고 있는 것처럼 생각된다. 도가라고 불리는 지식인은 가끔 도교에서 말하는 종교적 실천을 행하고 있기 때문이다. 그래서 우리도 또한 도가라는 말로 도교의 신자도 포괄하여 두기로 한다. 원래 노장사상은 유현(幽玄)한 철리(哲理)를 내포하고 있어서 신비한 사상과 이어지기 쉽다. 이것을 중핵으로 성립한 도교가 토속적 신앙을 도입하고 또 전국(戰國)시대 이래의 신선(神仙)사상과 이어진 것도 당연한 귀추였다고 생각된다.

신비사상과 과학

신비적인 도가사상 속에서 많은 과학적 업적이 생겨난 것은 얼핏 보아서 이상하게 생각될지도 모른다. 『중국철학사』의 저자인 빙우란(憑友蘭)은 〈도가사상은 신비사상의 체계이면서 본질적으로 과학에 반대하는 입장을 취하지 않는 점에서 세계에 그 예를 볼 수 없다〉고 말하고 있는데, 이것은 반드시 도가사상에 한하지는 않는다. 고대 과학에서 때때로 합리적인 것과 신비로운 것이 공존하고 둘이 서로 자극하면서 발전한 예는 결코 적지 않았다. 예를 들면 역(曆)계산 등의 과학적 천문학과 신비적인 점성술이 공존하여 얼핏 보아 점성술에 의하여 천문학 연구가 촉진된 것처럼 보였다. 또 서방 여러 나라들에서는 비(卑)금속에서 금을 만드는 연금술로부터 화학의 새싹이 움튼 것처럼 생각되고 있다. 이와 비슷한 현상이 도가의 사람들 사이에서 찾아볼 수 있는 것으로 중국에 있어서의 약물학(藥物學)이나 화학의 지식은 신비사상과 융합하면서 발전해 왔다.

도가사상을 신봉하는 사람들과 신비적인 과학과의 연결은 이미 도교의 성립 이전부터 시작되고 있었다. 한대(漢代)에는 도가의 시조로서 노자(老子) 외에 전설상의 성천자(聖天子)인 황제(皇帝)가 생각되고 있었다. 이미 말한 것처럼 황제는 의성(醫聖)이었지만 또한 신선술을 깨우쳐 불노불사(不老不死)의 경지에 도달한 신인(神人)이기도 했다. 『사기』 봉선서(封禪書)에 의하면 한무제 초년에 두태후(竇太后)가 〈황노(黃老)의 말을 다스려 유술(儒術)을 좋아하지 않는다〉고 되어 있어 유교의 딱딱함보다도 신선도와 연결된 도가의 가르침에 관심을 가진 것으로 보인다.

연금술과 연단술

도가사상과 이어지게 된 신선술은 이미 B.C. 4세기경에 시작되었는데 산동성이나 하북성의 해안지대가 그 발생지였다. 바다는 사람들에게 환상을 불러일으키는 것 같다. 신선술의 연구자들은 〈방사(方士)〉라고 불렸다. 방사의 〈방〉은 처방이라는 의미도 있지만, 또 기술을 의미한다. 여기서는 불노불사의 술(術)이라는 마술적인 기술이 그 연구 대상이어서 방사는 일종의 마법사였다. 이슬람 세계나 중세 유럽의 연금술사와 아주 비슷한 성격을 가지고 있었다. 서방의 연금술은 B.C. 2, 3세기경 이집트에서 시작되었다고 생각되고 있다. 납과 같은 값싼 금속에서 황금을 만드는 것을 꿈꾼 사람들이 연금술사 주변에 많이 모여들었다. 그것도 초기에는 황금 자체가 아니라 황금과 비슷한 금속을 만들어내는 방법을 연구하고 있었는데 차츰 마술적인 방향으로 빠져들어 금 자체를 만들려고 하였다. 서방의 연금술과는 달리, 중국의 마술적 기술, 즉 신선술이 지향한 것은 불로불사의 선약(仙藥)을 추구하는 데 주안을 두게 되었다. 여기에도 서방과 중국에서 정치사회의 정세에 큰 차이가 있었던 것이 원인이었다고 생각된다. 방사들이 기술을 파는 대상은 일반 서민이 아니라 왕후(王侯)귀족으로서 그들은 이미 충분한 부를 가지고 있었다. 그들이 원하는 것은 불로불사의 선약이었다. 선약의 중심이 되는 것은 수은 화합물인 단(丹)이므로 유럽의 연금술(錬金術)에 대하여 중국에서는 연단술(煉丹術)이라는 이름이 알맞다. 또 둘 사이의 마술적 기술의 차이는 금에 의한 욕망의 차이에 의한 것일지도 모른다. 서방의 고대문명이 일어난 곳에서는 금의 산출이 많아서 사람들은 금에 대한 강한 매력을 가졌다고 생각된다. 그런데 중국의 경우는 오히려 그 반대여서 유물(遺物) 중에서도 금으로 만든 것은 아주 적다.

방사와 그 기술

B.C. 4세기경 산동성이나 하북성의 해안지대에 탄생한 연(燕)·제(齊) 나라의 방사들은 여러 가지로 선약을 연구하였다. 바다 건너 먼 동쪽에 봉래(蓬萊), 방장(方丈), 영주(瀛州) 등의 세 성산이 있고 거기에는 선인(仙人)이 살며 불노불사의 약을 가지고 있다는 말이 방사들 사이에서 진실인 양 이야기되고 있었다. 진의 시황제도 이 봉래산의 설화를 믿은 사람의 하나로 신하인 서복(徐福)에게 명하여 봉래로 가게 했는데 그는 오랜 표류 끝에 일본의 기슈(紀州)에 도착했다고 한다. 한무제도 신선술을 좋아한 제왕이었다. 한대의 제왕으로서 가장 혁혁한 군사적 성공을 거둔 그도 50년을 넘는 치세의 만년에는 신선술의 애호자가 되고 말았다. 그의 주변에 모인 방사 중의 한사람인 이소군(李少君)은 단사(丹砂, 황화수은)에서 황금을 만드는 기술을 알고 있었다. 이 황금은 자연에서 산출되는 황금과는 다른 영험이 있어 그것으로 만든 식기로 식사를 하면 장수할 수 있다는 것이다. 서방의 연금술과는 달리 황금을 만드는 목적은 불로불사에 소용되게 하는 것이었다.

방사들이 말하는 불로불사의 선술(仙術)에는 여러 가지 방법이 있었다. 또한 방사들에게 있어 선술의 연구는 입신출세의 방편이기도 했다. 후궁에 많은 미인를 거느린 황제나 귀족들을 위해서 그들은 규방(閨房)에서의 요령까지도 설명하였다. 방중술(房中術)이라는 것이 그것이다. 물론 불로불사의 경지에 이르는 것은 결코 쉬운 일이 아니었다. 벽곡(辟穀)이라고 해서 곡물을 전혀 입에 대지 않고 소나무 열매 등을 먹고 심산에 숨어서 은자의 생활을 하는 선인 지망자도 적지 않았다. 기원전 시대로부터 많은 유명한 선인이 태어났다. 그러한 선인들의 전기가 한의 유향(劉向)의 『열선전(列仙傳)』이나 진(晋)의 갈홍(葛洪)의 『신선전(神仙傳)』 등에 씌어 전해지고 있다. 육조시대에는 은자의 생활을 이상으로 하는 사람들이 많았다. 그러한 사람들은 다소라도 도교와 연관이 있었다.

도가 출신의 과학자

도가와 이어진 연단술의 계보는 육조 이후에도 계속되고 있다. 이러한 방사들은 은자적인 생활을 보낸 사람도 적지 않지만, 또한 도관에 사는 도사로서도 생활하였다. 그들 중에서 천문학을 비롯하여 약물이나 화학적 연구를 하는 사람이 꽤 많이 나타나고 있다. 그들 중에는 실험실을 설치한 사람도 있었다. 그들의 업적의 대부분은 도교 경전을 집성한 『도장(道藏)』 속에 수록되어 있다. 원래 도교 경전은 난해하여 내용 연구가 거의 행해지고 있지 않다고 할 수 있다. 더욱이 과학적 자료의 연구는 더 그러하다. 그러나 예를 들면 당말의 도교 경전 중에서 도가에 속하는 사람들이 여러 가지 화학조작을 통하여 흑색 화약의 배합을 발견했다는 것이 논증되고 있다. 여기서는 육조시대의 도가로서 과학사에 업적을 남긴 갈홍과 도홍경(陶弘景)에 대하여 말하기로 하자.

2 갈홍과 도홍경

화학적 지식의 시작

근대 화학은 18세기 말의 라부아지에Antoine Laurent de Lavoisier(1743-1794)에서 시작되었다고 하지만, 물론 그 이전부터 화학의 연구가 행해져서 많은 화학적 지식이 알려져 있었다. 생활에 밀착된 생산기술 속에서 사람들은 많은 화학적 지식을 배웠지만 연금술이 화학의 다른 하나의 원류로 되어 있다. 근대 화학이 발흥하기 이전에는 화학이 의약과 연결되어 의화학(醫化學)으로서 연구되었다고 한다. 중국의 화학사도 이와 비슷한 경과를 거쳐왔다. 중국인은 경험을 통해서 여러 가지 물질의 화학적 성질을 알고 필요한 물질을 추출하여 생산에 연결시킬 수 있었다. 동시에 방사들의 마술적 기술 속에서도 많은 화학적 지식을 모을 수 있었다. 여기서는 먼저 갈홍의 『포박자(抱朴子)』를 들어 연단술의 일면을 소개하기로 한다.

갈홍과 포박자

포박자는 갈홍(283-363)의 호이며, 동시에 서명(書名)이다. 조부는 남방에 나라를 세운 오(吳)의 중신으로 어엿한 가계라고 생각되지만, 그는 어려서 아버지를 여의고 가난한 생활 속에서 자라났다. 처음에는 유교를 배웠으나 얼마 후 방술(신선술)에 기울어지게 되었다. 그가 살고 있던 4세기 전반에는 이미 방술이 사대부 계급 속에도 깊게 침투하고 있었지만, 그의 경우는 더욱 그의 연고자 중에 뛰어난 방술가가 있었다. 조부의 종형제 중에 갈현(葛玄)이 있었는데 그 사람은 상당한 선인이어서 갈선공(葛仙公)이라고 불렸다. 그는 유명한 선인 좌자(左慈)의 제자로 좌자는 연단술을 갈현에게 전하고 갈현은 그것을 정은(鄭隱)에게 전했다. 이 정은이 갈홍의 선생이었다. 그러나 갈홍은 처음부터 은둔자의 생활을 한 것이 아니었다. 군공(軍功)으로 동진(東晋)의 왕실에서 작위를 받기도 하고 몇 해 동안은 관리 생활도 했다. 그러나 얼마 후 늙었다는 이유로 관직을 그만두고, 광주(廣州)의 나부산(羅浮山)에 들어앉아 연단술을 연구했다. 『포박자』는 그의 대표적 저술인데 20세를 넘을 무렵부터 쓰기 시작해서 십여 년이 지난 후 완성한 것이다. 내편 20편, 외편 50편으로 이루어져 〈내편은 도가, 외편은 유가에 속한다〉고 한 것처럼 두 편은 그 내용이 크게 다르다. 연단술이 기술되어 있는 것은 물론 도가에 속하는 내편으로서 거기에는 선인이 되기 위한 여러 가지 방법이 설명되고 있다. 이미 말한 벽곡(辟穀)이라든가 방중술은 물론, 천지의 기를 체내에 빨아들이는 행기(行氣)의 법 등이 있지만 갈홍은 역시 약물 복용에 중점을 두고 있다. 그런 의미에서 그는 역시 일종의 과학자였다고 할 수 있다.

연단술의 방법

『포박자』 금단(金丹) 조(條)에는 〈나는 장생법의 책들을 연구하여 불사의 처방을 모았다. 지금까지 읽은 것은 몇천 편 몇천 권에 이르지만 모두 환단(還丹)과 금액(金液) 둘을 골자로 하고 있다〉고 씌어 있고, 또 선약편(仙藥篇)에 의하면 〈선약의 최상의 것은 단사(丹砂), 다음은 황금(黃金), 다음은 백은(白銀)……〉이라 씌어 있어 역시 같은 말을 하고 있다. 단사는 수은의 황화물이어서 주(朱)와 같은 것으로, 그것을 포함하는 화합물을 수화(水火)에 의하여 만들어낸 것이 환단이며, 그것을 만드는 것이 연단술이다. 단사를 밀봉한 가마솥 안에서 구우면 승화된 수은이 얻어진다. 또 수은은 불에 데우면 산소와 결합하여 붉은 산화수은이 된다. 액체 상태의 수은도 신기하지만 주(朱)에서 희어지고 다시 붉게 되는 변화의 신비함은 고대 사람들의 마음을 현혹시켰다. 서방의 연금술에서도 황금을 만들기 위해서는 수은이 가장 귀중한 물질인데 이런 점에서는 동서가 서로 공통된다. 수은 화합물은 원래 단(丹)이라고 불리는 것으로서 훌륭한 단약을 만드는 것이 연단술사의 기술이었다. 물론 후세가 되면 단으로 불리는 약물에도 거의 수은이 포함되어 있지 않다. 일본의 인단(仁丹)도 물론 수은은 들어 있지 않다. 단(丹) 다음으로 중요한 금(金)은 수화(水火)에 의해서 변질하지 않고, 그 항구적인 성질 때문에 선약으로 존중받게 되었다.

연단술사는 황금을 만드는 연금술사이기도 하였지만 방술가는 벼락부자가 되기 위해서 황금을 만드는 것은 아니었다. 황백편(黃白篇)에서 갈홍은 그의 스승인 정은의 말을 인용하여 〈진인(眞人)이 황금을 만들 때, 그것을 자기가 복용하여 신선이 되려 하기 위함이고 벼락부자가 되기 위함은 아니다〉라고 하고 있다. 선약으로서는 자연에서 산출되는 황금보다 인공적으로 만들어진 황금에 가치를 인정하고 있어 서방 연금술사의 생각과는 많이 다르다. 선인이 되려는 사람들은 즐겨 은둔자의 생활을 하고 부자가 되는 것은 오히려 선인이 되는 데 장애가 된다는 생각도 있었다. 황백편에 〈살찐 선인, 돈 많은 도사라는 것은 없다〉는 속담이 있었다고 한 것은, 방술가의 생활이 엄격한 종교자의 생활과도 비슷했기 때문이다. 이렇게 해서 얻어진 금을 액상(液狀)으로 한 것이 금액인데, 금액이 어떤 것인지에 대한 설명은 없다. 『포박자』의 금단편(金丹篇)에는 9종의 단의 제조법이 자세하게 씌어져 있다. 그러나 연단술 작업은 오늘날의 화학자의 태도와 전혀 다르다. 그들은 본질적으로 마법사였다. 단약을 만드는 데는 먼저 장소의 선정이 필요하였다. 사람이 없는 산중에 실험소를 만들고, 같이 일하는 사람은 세 사람을 넘으면 안 된다. 일을 시작하기 전에 100일 동안의 재계(齋戒)를 하고 오향(五香)의 탕으로 몸을 깨끗이 하고 속인과 사귀어도 안 되었다. 갈홍이나 그 이전의 방술가가 어느 정도의 화학 지식을 가지고 있었는지 구체적으로 나타내기는 어렵지만, 당시의 일반인에 비하여 특별히 높았다. 단사에서 수은을 얻고 수은에서 산화수은을 만드는 조작에서도 당시의 사람들이 거의 몰랐던 것을 갈홍은 말하고 있다.

화약의 발명

선약을 합성하는 방술가의 업적 가운데 특히 중요한 것은 화약의 발명이다. 단사나 금과 함께 방술가들은 초석(硝石)이나 황을 귀중한 것으로 생각해 왔다. 초석은 황산나트륨인 망초(芒硝)와 혼동되어 왔으나 6세기 초의 도홍경의 『신농본초경(神農本草經)』에서는 초석과 망초의 구별을 뚜렷하게 써놓고 있다. 도홍경도 도가에 속하는 학자였다. 이어서 당 초기인 7세기의 손사막(孫思邈)은 초석과 황의 혼합물이 맹렬히 불타는 것에 주의하고 있다. 도교의 경전을 연구한 중국인 학자 빙가승(憑家昇)은 초석, 황, 목탄 세 가지를 혼합하는 흑색 화약이 당대에 만들어진 것을 입증하고 있다. 말할 나위없이 화약은 중국인이 세계에서 가장 먼저 발명한 것이지만, 그것이 도교의 신비적인 분위기 속에서 태어난 것은 과학과 사상과의 연관을 생각하는 데 매우 흥미 있는 문제이다.

『본초경』과 약물의 삼품 분류

『포박자』에는, 물론 일반 약물에 대해서도 논의되어 있다. 당시에 나온 『신농경』의 글을 인용하여 약물을 상, 중, 하로 나누고 있다. 그것에 따르면 상약은 불로장수의 선약이며, 중약은 성(性)을 키우는 것으로 보건약(保健藥)이라고도 할 수 있는 것이

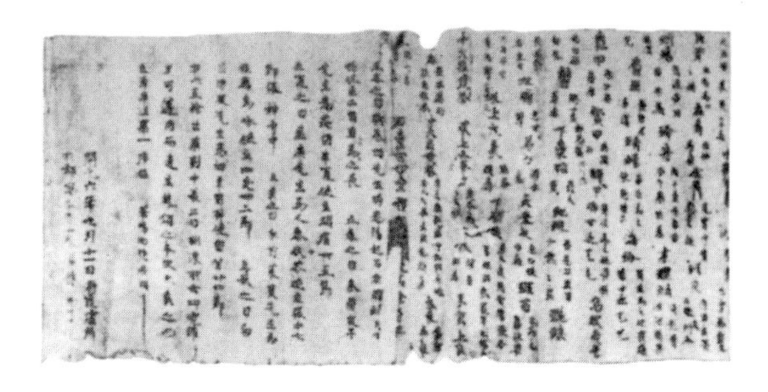

도홍경의 『신농본초경집주』의 서예(당대사본, 류고쿠(龍谷) 대학 소장)

다. 하약은 직접 병을 치료하는 것이다. 이러한 상중하의 삼품(三品) 분류는 선약을 최상의 것으로 하는 도가의 사상을 반영한다. 갈홍이 인용한 『신농경』은 후한에서 삼국시대, 즉 3세기에 편찬된 것으로 생각되지만, 6세기 초 도홍경은 그 이전의 본초학의 지식을 집대성하여 『신농본초경』을 만들었다. 여기에는 오랜 전통을 갖는 365종의 약물과 비교적 가까운 과거의 명의(名醫)에 의해 발견된 365종의 약물이 〈명의별록(名醫別錄)〉이란 이름으로 부록되어 있다. 물론 상중하의 삼품 분류가 행해지고 있고 약물의 수를 1년의 날 수로 한 것과 함께 신선술의 영향이 강하다. 또 도홍경은 이 책에 대한 주석(註釋)인 『신농본초경집주』를 썼는데 그 당대(唐代) 사본의 아주 작은 일부가 돈황(敦煌)에서 발견되었다. 『신농본초경』은 그 대부분이 후세의 본초서(本草書)에 인용되어 남아 있어서 그 내용이 알려진 중국 최고(最古)의 약물서이다.

도홍경의 약력

간단히 도홍경(456-536)의 전기를 말해 두겠다. 갈홍과 같이 그는 강남땅에서 태어났다. 남경에서 가까운 곳이다. 소년 시절에 갈홍의 『신선전』을 읽었는데, 그 후 유·불·도에 관한 책을 널리 읽었다. 20세쯤 되어서 남조의 제(齊)에서 벼슬을 받았는데 40세가 못 되어 벼슬자리를 내놓고 모산(茅山)에 은거하여 스스로 도은거(陶隱居)라고 호를 붙였다. 그는 역시 육조시대에 유행한 은자의 계보에 속하는 인물이었다. 그는 그로부터 각지를 여행하며 선약 연구에 몰두하여 자유로운 생활을 즐겼다. 그러나 양(梁)의 무제(武帝)로부터 두터운 존경을 받아 국가에 큰 일이 있을 때마다 일일이 그의 의견을 들었으므로 세상에서는 도홍경을 산중의 재상이라고 불렀다 한다. 갈홍이나 도홍경과 같은 인물은 육조시대를 배경으로 생길 수 있었다고 할 수 있다.

3 분열시대의 과학

남북조 대립시대의 천문역법

육조시대에는 과학적인 역법에도 신비적인 장식이 행해졌다. 특히 남북대립의 시대에 이민족이 세운 북조에서 그러한 영향이 더 강했다. 후한 말에 일어난 도교는 5세기 초에 북위(北魏)의 구겸지(寇謙之)에 의하여 교단으로서 강력한 조직이 짜여져 일반 민중은 물론 지배층에도 파고들었다. 이미 말한 것처럼 도교 속에는 잡다한 민간신앙이 들어가 있어 전한 말에 참위(讖緯)사상 같은 것도 그 속에 포함되었다. 북위시대의 천문학자는 거의 한(漢)족이었는데 그들 중 많은 사람들은 도교를 받아들이고 있었다. 그들의 손에 의하여 몇 번의 개력이 행해졌는데 역법의 과학적 내용은 거의 개량되지 않고 참위사상에 의하여 역법을 분식(粉飾)하는 일이 많았다. 중국 역법에서는 계산의 기점을 역원(曆元)이라고 불렀는데 이 역원은 천문학적 근거에 의하여 설정되지 않으면 안 되었다. 그런데 북위시대의 어떤 역법은 오행설에 의하여 임자세(壬子歲)를 역원으로 하기로 결정되었다. 역시 오행설에 의하면 북위(北魏)는 수덕(水德)을 입어 천자가 된 나라여서 역시 수에 배당되는 임자세를 역원으로 하는 역법을 사용함으로써 왕조의 번영을 기대하였다.

다분히 신비적인 북조에 대하여 한족이 세운 남조에서는 어느 정도 그 양상이 달랐다. 5세기 전반에 원가력(元嘉曆)을 만든 하승천(何承天), 이어서 대명력(大明曆)을 편찬한 조충지(祖冲之)는 모두 뛰어난 천문학적 업적을 남기고 있다. 조충지는 기술자이기도 하며 수학자이기도 했다. 수학상의 업적으로는 원주율을 자세하게 산출한 것을 특기할 수 있을 것이다. 더욱이 그의 아들 조긍지(祖暅之)도 뛰어난 수학자로서 중국에서는 처음으로 구(球)의 부피 계산에 성공했다. 중국을 남북으로 나누는 두 개의 문명의 대립은 결과적으로는 문명의 발달을 조장한 것 같다. 조긍지가 활약하던 5세기 후반에는 그때까지 중단되었던 남북 사이의 교류의 길이 열리지만, 그 무렵에는 북조 치하에도 뛰어난 천문학자가 나타났다. 6세기 중엽에 활약한 장자신(張子信)은 중국 천문학에 한 시기를 그은 학자로서, 30년에 이르는 관측 결과 태양이 원운동에서 벗어나서 움직인다는 사실을 발견하였다. 달의 운동에 대해서 같은 사실은 이미 후한 말에 알려져 있었는데 일행영축(日行盈縮)이라고 불리는 태양 운동의 벗어남은 처음으로 북조 치하의 장자신에 의하여 알려졌다. 이 지식은 수·당의 천문학자에게 계승되어 역법은 한층 정확한 것이 되었다.

신비과학의 유행

그렇지만 역법을 제외한 면에서는 남북이 모두 신비사상의 영향을 받고 있었다고 생각된다. 위에서 말한 갈홍이나 도홍경은 모두 남방 사람이었다. 연단술과 같은 신비적 과학은 도교의 융

성과 더불어 중국인 전체의 흥미의 대상이 되었다. 점성술이나 역(曆)에 미신적 기사를 써넣은 것 등도 육조시대에 성행하여 그 것이 후세에까지 계승되었다. 그러나 신비적 과학은 중국의 전통 속에서 태어난 것만은 아니었다. 불교의 전례와 더불어 인도의 점성술이나 각종 점술이 전해져 왔다. 3세기 초에 번역된 『마등가경(摩登伽經)』은 그러한 책의 대표적인 것으로, 거기에는 인도의 점성술뿐만 아니라 사람의 관상에 의한 운명판단 같은 것도 기술되어 있었다. 인상(人相)판단에 이르면 신비과학이라고도 할 수 없을지 모른다.

물론 불교는 실크로드를 거쳐서 전해진 것이다. 신앙에 불타는 구도자에게 있어 어려운 사막의 길은 문제가 아니었다. 중국에서의 전도를 목적으로 인도나 서역의 승려들이 왔으며, 중국에서도 불전(佛典)을 구하려고 성지로 길을 떠나는 사람이 적지 않았다. 중국인으로서 실크로드를 거쳐 인도로 간 불교 승려로는 399년에 장안을 출발한 동진의 법현(法顯)이 유명하다. 그는 30여 개국을 돌고, 돌아오는 길은 해로(海路)에 의하여 412년에 산동성 해안에 당도할 수 있었다. 이러한 동서 교류는 비단 불교뿐만 아니라 여러 가지 지식을 중국에 가져왔다. 다음에 석면(石綿)의 전래와 그에 따른 설화를 이야기하겠다.

석면에 관한 설화

말할 나위도 없이 석면은 광물의 일종이지만 가는 섬유로 뽑아서 직물을 짤 수 있다. 이 직물은 더러워지면 불에 태워서 깨끗하게 할 수 있어서 중국에서는 화완포(火浣布)라고 불렀다. 화완포가 처음으로 중국에 전해진 것은 2세기 중엽으로, 그것으로 만든 의복은 불에 넣어도 타지 않아서 사람들을 놀라게 했다는 이야기가 전해지고 있다. 3세기 전반에 씌어진 『위략(魏略)』에는 이것이 대진(大秦)의 명산(名産)으로 꼽히고 있다. 대진이란 아라비아나 소아시아에 있는 로마령을 가리키는 것이다. 석면은 서쪽으로는 그리스에서부터 동쪽으로 인도에 이르기까지 예부터 산출되고 있었다. 한편 1, 2세기경 이집트를 중심으로 불도마뱀 salamander 설화가 생겼다. 이것은 불 속에서 산다는 전설적인 작은 동물인데, 불속에서 소생하는 불사조의 이야기도 이 불도마뱀 설화의 일종이다. 이 설화가 서아시아로 가면 불도마뱀은 여우나 담비와 비슷한 동물이 되어 다시 중국에 전해져서 화서(火鼠) 설화가 생겨 이것이 석면과 연결되었다. 갈홍의 『포박자』에 의하면 화완포에는 세 종류가 있어 두 가지는 식물에서 빼지만 세번째 것은 쥐에서 만든다고 나와 있다. 쥐는 백쥐라고 불리는데 털의 길이가 3치나 되고 나무의 공동(空洞)에 살며 불에 넣어도 타지 않는다. 그 털을 깎아서 짠 것을 화완포라고 한다. 불도마뱀을 석면과 연관지은 것은 서아시아 사람들이었으나 불도마뱀을 화서로 한 것은 중국으로 4세기에서 6세기에 걸쳐서 이 설화가 유행하였다. 한편 화완포가 식물에서 만들어진다는 이야기도 그때 중국에서 나왔다. 3세기 전반에 오(吳)의 사자 강태(康泰)가 부남(扶南, 메콩 강 하류에 크메르 족이 세운 나라)에 갔을 때 지금의 인도네시아 지방에 불 속에서 자라는 나무가 있어 주민은 그 나무껍질을 벗겨서 작은 천을 만든다는 이야기를 전했다. 부남은 인도와 활발히 무역을 하고 있었고, 인도는 석면의 산지로서 멀리 로마 사람들에게도 알려져 있었다. 아마 이 석면도 인도에서 수입된 것일 테지만 그것이 어떻게 잘못됐음인지 인도네시아산의 나무에서 뺀다는 이야기가 되고 말았다. 동서 교류에 의해서 여러 가지 진귀한 산물이 중국에 들어왔지만 진귀한 것일수록 황당무계한 이야기가 붙어다니기 마련이다. 중국인이 화완포의 정체를 확실히 알게 된 것은 13세기 원(元)시대부터이다.

자석의 지극성을 발견

또 한 가지 신비한 점술과 관련된 과학상의 발견에 대하여 이야기하겠다. 자석이 철을 끌어당긴다는 사실은 그리스 시대에 알려져 있었고 중국에서도 기원전부터 알고 있었다. 자석이 철판을 끌어당기는 것은 마치 자모(慈母)가 아기를 끌어당기는 것 같다고 해서 옛날에는 자석(慈石)이라고 썼다. 그런데 자석이 남북을 가리킨다는 사실의 발견에 대해 말하자면, 그것은 중국인이 먼저이다. 화약, 제지(인쇄술을 포함하여), 자석의 사용을 중국인의 삼대 발명이라고 부르고 있는데, 이것들은 모두 세계 문명에 크게 기여해 온 것이다. 그런데 자석의 사용도 점술과 함께 시작되고 있다. 후한의 왕충(王充)이 쓴 『논형』에는 자석을 숟가락 모양으로 성형하여 식반(式盤)이라는 것 위에 던져서 운수를 점친다는 내용이 있다. 거기서는 사남(司南)이라는 이름으로 불리고 있다. 중국에서는 예부터 지남차(指南車)라는 것이 있어서, 전설에 의하면 황제(皇帝)가 탁록(涿鹿)의 뜰에서 치우(蚩尤)라는 괴물을 공격했을 때 치우가 주위에 안개를 일게 했기 때문에 황제의 군대는 방향을 모르게 되었다. 그래서 만들어진 것이 지남차였

지남차(모형)

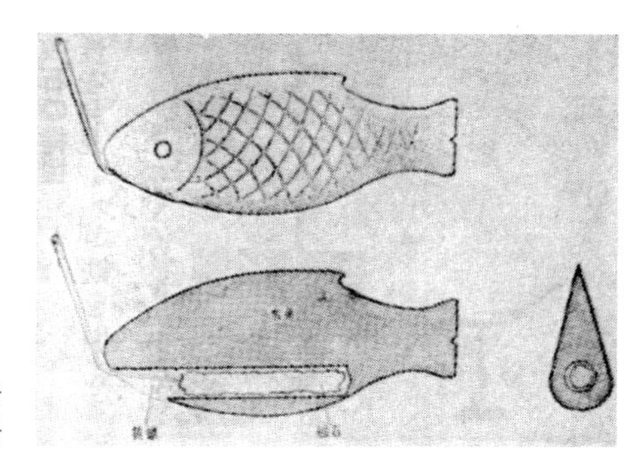

지남어, 복부에 자석을 끼어넣고 물에 띄운다

다고 한다. 전에는 이 지남차가 자석이었을 것이라고 했지만, 이 것은 지금도 축제 때 끌고 다니는 장식한 수레와 같은 큰 수레로 수레 위의 인형이 수레의 방향이 바뀌어도 톱니바퀴 장치로 언제나 남쪽 방향만을 향하도록 되어 있던 것으로 진(晋)시대부터는 천자의 행렬에 사용되었다. 천자의 행렬에는 지남차와 비슷한 축제용 장식 수레가 몇 개 있었는데, 그 중에는 주행거리를 재는 기리고차(記里鼓車)라는 것도 있었다. 이것은 현재의 택시 미터와 같은 원리의 것으로 바퀴의 회전수로 거리를 쟀다. 이 기리고차와 같은 것이 로마 시대에 있었던 것은 비트루비우스 폴리오 Vitruvius Pollio(B.C. 50-A.D. 26)의 『건축에 관하여 *De Architectura*』가 보여주고 있다. 이야기를 사남(자석)으로 돌리면, 자석은 육조시대에 들어와서 지상가(地相家)가 방향을 아는 데 쓰게 되었다. 그와 함께 자침을 만드는 방법이나 자침을 장치하는 방법 등을 개량하였다. 현재와 같이 자침을 피벗 pivot에 끼우는 방법은 유럽에서 개량된 것이지만, 중국에서는 실에 매에 늘어뜨리거나 손톱 위에 놓았다. 또 진귀한 방법으로는 등심(燈芯)과 같은 가벼운 것에 자침을 붙여서 그것을 물 위에 띄우기도 했다. 더욱 재미있는 방법은 가벼운 나무로 만든 고기의 배에 자침을 끼어넣고 그것을 물 위에 띄웠다. 이것이 지남어(指南魚)이다. 원래 점술에서 출발한 자석의 사용은 11세기경이 되자 항해에도 쓰였다. 중국배에 사용된 지남어가 그 무렵에 많이 중국에 내항한 아랍인에 의해 알려지고 그것이 다시 유럽에 전해진 것이다.

제4장

과학문명의 퍼짐

1 세계의 메트로폴리스 장안

이국미가 감도는 수도 장안

300여 년에 걸친 분열 끝에 수(隋) 왕조에 의하여 천하통일이 이루어지고 당(唐)에 계승되었다. 6세기 말에서 10세기 초에 이르는 수·당시대, 그 수도가 된 장안은 전에는 전한(前漢)의 수도였던 곳이다. 당이 한창 융성하던 시대, 즉 8세기 전반에는 그 인구가 100만에 달하여 당시 세계 최대의 도시였다. 거기에는 일본은 물론 중국 주변의 나라들에서 많은 사람들이 찾아들어 훌륭한 당대의 문명을 흡수하려 하고 있었다. 성당(盛唐)시대에 장안을 노래했다고 생각되는 이백(李白)의 유명한 「소년행」에는 다음과 같은 부분이 있다.

> 오릉(吳陵)의 젊은이들이 금시(金市)의 동쪽에 와서
> 은(銀) 안장을 걸친 백마를 타고 춘풍 속을 간다.
> 낙화를 밟아버리고 어디로 놀러가는가 물으면
> 웃으며 호희(胡姬) 있는 주점으로 들어간다.

페르시아계의 여자가 나그네를 접대하는 주점까지 있어, 거기에는 진귀한 술들이 즐비하여 오릉에 사는 부자집 자제들이 이국적인 분위기에 젖어들 수 있었다. 당의 수도 장안은 나라(奈良) 헤이조경(平城京)이나 교토(京都) 헤이안경(平安京)의 모범이 된 것인데 그 규모는 한층 컸다. 동서가 9.7km, 남북이 8.2km라는 넓은 4각형의 땅으로 중앙에 북쪽으로 관청 소재지인 황성(皇城)이 있고 또 그 북쪽에 궁성인 태극궁(太極宮)이 배치되었다. 그 밖의 곳은 정연하게 동서와 남북으로 뚫린 넓은 거리로 구획된 주택가가 있고, 동쪽과 서쪽에도 상공업자가 거주하여 가장 번화한 동시(東市)와 서시(西市)가 있었다. 「소년행」에서 읊은 〈금시〉란 서시를 가리키는 것으로, 거기에는 서역(西域)에서 온 여러 이민족이 살면서 상공업에 종사하고 있었다. 장안에 있어서의 시민의 화려한 생활 모습은 이시다 미키노스케(石田幹之助)의 명저 『장안

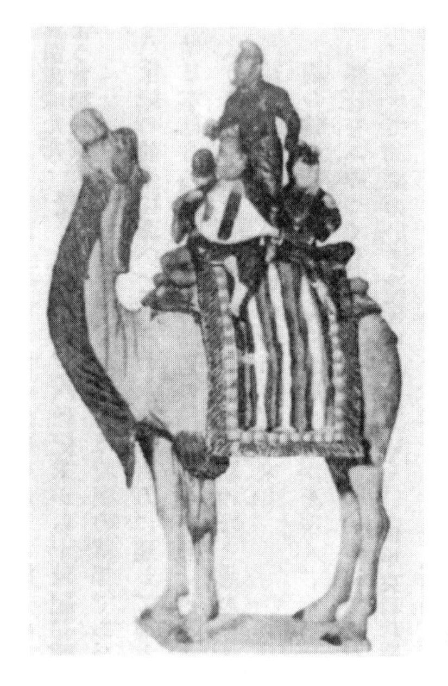

낙타를 탄 서역인(唐三彩)

당의 장안 궁전지의 발굴 현장

의 봄(長安の春)』에 아름답게 묘사되어 있다.

서방의 종교와 더불어

불교는 전한 말경에 중국에 전래해 왔었지만, 당대에는 서역과의 내왕이 심해져 그와 함께 불교 이외에 새로운 종교가 들어왔다. 배화교(拜火敎)라고 불리며 중국에서는 요교(祆敎)의 이름으로 알려져 있는 조로아스터교 Zoroastrianism는 고대 페르시아의 종교이다. 일찍이 남북조 말기에 전해졌지만 당대 무렵에는 그 교회라고 말할 수 있는 요사(祆祠)가 장안 시내에 세워지고, 그 밖의 도시에도 페르시아계 서역인이 많은 곳에는 요사가 있었다. 그러나 당말 9세기 중엽부터는 정부의 탄압을 받아서 차츰 쇠퇴하였다. 또 3세경 페르시아인 마니 Mani(216－276)에 의해서 창시된 마니교 Manichaeism(摩尼敎)는 페르시아 본토에서는 일찍부터 탄압을 받았지만 그 주변의 나라들에서는 한때 융성하였다. 이것이 중국에 전해진 것은 당의 측천무후(則天武后) 시대인 7세기 말이다. 이것을 전한 서투르키스탄의 서역인에 의해서 7요일이 전해지고, 특히 예배일인 일요일은 밀일(密日)이라고 불렸다. 이것

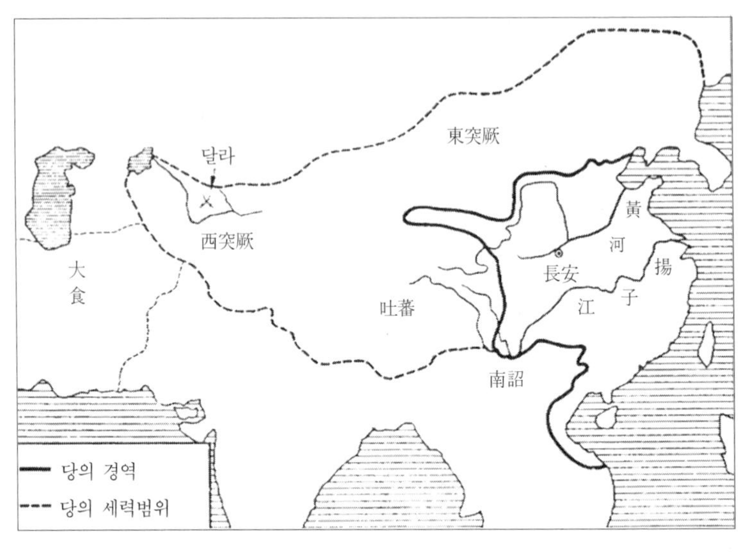

당대(唐代)의 세력범위

은 서역 소그디아나 Sogdiana인의 말 〈미르〉의 음역이다. 당대의 달력에는 이 밀일을 써넣었지만 이 지식은 헤이안조(平安朝) 시대에 일본에서도 사용되었다. 그리스도교의 일파인 네스토리우스교 Nestorianism, 중국에서 말하는 경교(景教)가 전해진 것도 당대이다. 5세기 전반에 시작된 이 가르침은 서방의 그리스도교국에서 탄압을 받았지만 사산왕조 Sassanians의 페르시아에서 문화적인 공헌을 해서, 특히 그리스 의학을 퍼뜨려 각지에 의학교를 세웠다. 7세기 전반 당 태종(太宗)시대에 페르시아인 아라본(阿羅本)이 전도하기 위해서 처음으로 장안에 도착했는데 경교는 당대를 통해서 많이 유행하였다. 현종(玄宗)시대에는 그 교회를 대진사(大秦寺)라고 했으며 그 이후 대진사는 각지에 건립되어 신자수도 증가해 갔다. 유명한 〈대진경교류행중국비(大秦景教流行中國碑)〉는 8세기에 서역인 이즈트부지트(중국명 伊斯)가 돈을 내서 장안의 대진사에 세웠다. 이 비가 명말에 내조(來朝)한 예수회 선교사에 의하여 널리 소개된 것은 유명한 사실이다. 위에서 말한 종교 이외에 중국과의 관계에서 가장 중요한 것은 회교(回教)라고 알려진 이슬람교이다. 이 종교는 7세기 전반기에 무하마드가 창시했는데 삽시간에 오리엔트를 중심으로 한 대제국을 만들어 서역의 여러 나라까지 정복하여 그 지배지의 여러 민족에게 강제하였다. 당대 이후 이슬람 교도가 된 서역인이 많이 중국에 오면서 중국인 중에서도 개종자가 생겨 지금도 그 신자는 많다. 중국에 내왕한 이슬람 교도, 그리고 이슬람 여러 나라와 당과의 항쟁을 통하여 중국의 과학문명이 서방에 전해졌는데 이 점에 대해서는 뒤에 다시 말하기로 하겠다.

인도 천문학의 전래

종교의 전파는 사람들의 내왕을 촉진하여 많은 훌륭한 학자들을 중국에 오게 하였다. 당대에는 인도의 뛰어난 천문학자가 왔는데 세계 제국으로 자처하는 당 왕조에서 정성스런 대접을 받았고, 현종시대에 구담실달(瞿曇悉達, Gautama Siddhartha)이라고 부르던 인도인 천문학자는 국립천문대의 대장이 되기도 하였다. 그는 중국의 문헌에도 밝아서 중국의 참위사상이나 천문학에 관한 저술 『대당개원점경(大唐開元占經)』을 편찬했는데 그 중에는 인도의 천문계산법을 정리한 구집력(九執曆)이 포함되었다. 구집이란 〈nava grāha〉라는 산스크리트어의 의역(意譯)으로 일월(日月) 및 오행성 이외에 나후(羅睺), 계도(計都)라는 가공의 행성을 더한 9개의 행성을 말한다. 이 구집력에는 인도에서 시작된 현행 아라비아 숫자의 소개와 그리스에 기원을 두고 나중에 인도에 전해진 사인표(지금의 사인함수에 해당)가 기재되어 있었다. 그러나 그러한 지식은 주로 인도인 천문학자의 것이어서 중국인 학자에게는 전혀 알려지지 않았다. 이러한 천문계산법과 함께 서방의 점성술도 전해졌다. 서역에서 전해진 지식은 물론 이것에만 그치지 않고, 또 전래의 루트도 실크로드뿐만 아니라, 당대 무렵부터 남방의 해상교통도 활발해져서 광동(廣東)이나 그 밖의 화남(華南)의 항구에 이슬람교를 신봉하는 여러 나라 사람들이 오게 되었다.

남북을 잇는 대운하

당 왕조의 세력 범위는 당 초인 7세기 중엽에 가장 넓었다. 동은 한국, 만주, 북은 외몽고, 남은 인도차이나, 서는 중앙아시아에 미쳐 그 밖의 가까운 여러 나라들로부터도 조공하기 위해서 내조하는 나라들이 적지 않았다. 세계 제국으로서의 당 왕조는 공전의 대제국이 되었는데, 이것을 밑받침한 것은 남북을 횡단하는 대운하와 전국에 퍼져 있던 역전(驛傳)제도였다. 이에 대해서 조금 이야기해 두겠다.

육조시대를 통해서 한족의 왕조가 지배한 강남지방에서는 점차 인구가 증대하여 화북에 비하여 경제적인 비중이 한층 더 커졌다. 우량이 많은 강남지역에서는 미작(米作)이 활발했던 데 대하여 땅이 메말랐던 화북지역에서는 보리나 조 같은 밭농사가 주로 행해졌다. 강남에서 걷는 세수입이나 쌀은 화북에 수도를 갖는 통일제국에 있어서 필수적인 것이며 이것들을 어떻게 운반하느냐 하는 것은 중대한 문제였다. 황하와 양자강 사이에는 회수(淮水)가 있고 이 수로들을 남북으로 잇는 운하는 이미 수(隋) 이전부터 부분적으로 파고 있었다. 그러나 이것을 완성한 것은 수시대였다. 먼저 수 왕조 초기 문제(文帝) 때에 회수와 양자강을 잇는 한구(邗溝, 山陽瀆)가 개수(改修)되었으며, 다음의 양제(煬帝) 때에는 황하와 회수를 남북으로 잇는 통제거(通濟渠), 남경에서 항주(杭州)로 통하는 강남하(江南河), 그리고 황하에서 북경 교외에

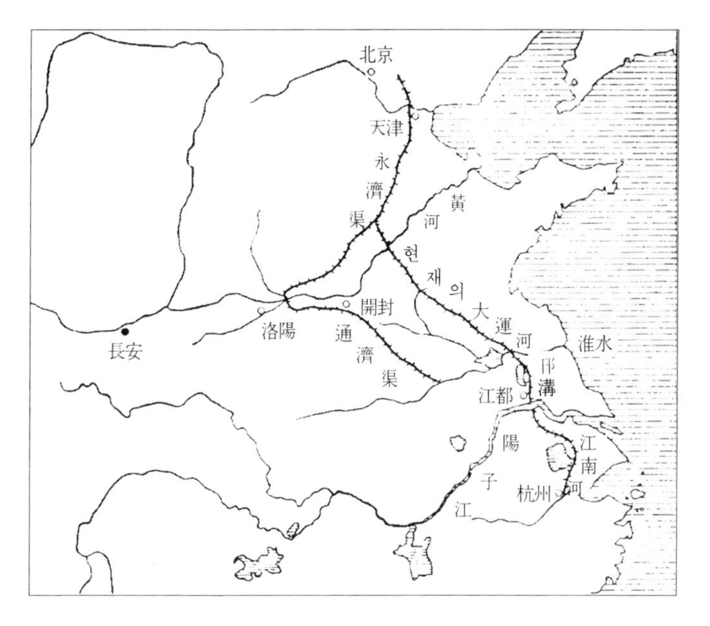

수대(隋代)의 운하

이르는 영제거(永濟渠)를 팠다. 대운하를 파는 작업은 만리장성과 함께 이대 토목사업으로서 6년의 세월이 걸려 2,400km에 달하는 수로를 개통한 것이다. 폭군으로 이름 높은 양제는 수도 장안 외에 낙양을 동도(東都)로 삼아 장대한 궁전을 지었는데 풍광명미(風光明媚)한 양주(揚州, 당시의 江都)에도 이궁(離宮)을 지었다. 대운하에 따라 버드나무가 심어져 아름답게 꾸민 배를 타고 양제는 강남으로의 여행을 즐겼다. 당 왕조를 일으킨 이세민(李世民, 당태종)이 북방에서 군사를 일으켰을 때 양제는 양주의 이궁에서 환락의 나날을 보내고 있다가 마침내 그곳에서 반란군에게 죽고 말았다(618). 물론 대운하를 파는 일은 황제의 유락을 위해서 이용되었을 뿐만 아니라 경제적, 군사적으로도 큰 의의가 있었다. 당시 수는 고구려 정벌을 위해 군사를 일으키고 있어 북방의 영제거의 개척사업은 특히 군사적인 의의가 컸다. 수대에는 아직 충분히 대운하가 이용되지 않았지만 당대 이후에는 그 중요성이 커졌다. 당대의 수도는 역시 장안이었는데 장안은 서북에 치우쳐 충분히 대운하의 기능을 이용할 수 없게 되었다. 당이 망한 뒤 송(宋)이 훨씬 동쪽의 개봉(開封)으로 옮긴 것도 강남으로부터의 식량을 운반하는 데 편리한 지점을 고른 것이 하나의 이유여서 북송시대에는 매년 400만 석에 이르는 쌀이 대운하를 통하여 운반되었다. 또 원·명시대의 대운하에 대하여 말한다면, 수도가 북경으로 옮겨져 통제거나 영제거를 경유하면 크게 우회하게 되기 때문에 새로이 남북을 거의 일직선으로 종단하는 수로가 만들어졌다. 이것이 지금도 쓰이는 대운하로 그 전장(全長)은 1,800km에 달하며 세계에서 가장 긴 운하이다.

대운하는 모두가 평탄한 곳만은 아니었다. 북방의 수로는 비교적 높아서 양자강과의 사이에 수십m의 차이가 있었다. 도중에 경사진 곳에서는 운하를 중단하여 경사를 만들어 녹노(轆轤)를 이용하여 낮은 수면에서 높은 수면으로, 또 거꾸로 높은 수면에서 낮은 수면으로 배를 끌어올렸다 내렸다 하지 않으면 안 되었다. 그러나 나중에는 수문을 설치하여 현재 파나마 Panama 운하를 통과하는 것과 같은 방법으로 경사진 수로를 교묘하게 조작하는 방법이 고안되었다. 이 수문방식은 9세기 전반에 당의 이발(李渤)이 광서성(廣西省)에서 운하를 팠을 때 비로소 고안된 것이다. 물을 다스리는 자가 나라를 지배한다고 했던 중국에서는 예부터 수리기술이 발달하고 있었는데 이 수문방식도 또한 중국인의 기술적 성과라고 할 수 있다.

역전에 의한 교통

당이 한참 번창할 때 현종(玄宗)이 총애하는 양귀비(楊貴妃)를 위해서 광동(廣東)에서 여지(荔枝)를 가져오게 했다는 이야기가 전해지고 있다. 일본의 에도(江戶) 시대에 행해지던 슈쿠바(宿場) 제도와 비슷한 역전은 당대에 이르러 한층 더 정비되었다. 장안을 중심으로 전국의 간선로에 따라서 1,639개의 역(驛)이 설치된 외에도 수로(水路) 연변에는 많은 수역(水驛)이 설치되었다. 역에는 말, 당나귀, 때로는 배가 준비되었고, 물론 여관(旅館)도 있었다. 역과 역의 간격은 30중국리(약 14km)이며 보통의 역마는 하루에 120리의 행정(行程)이었지만 특별히 급할 때에는 하루에 500리, 약 230km를 달렸다. 이러한 교통로의 정비에 의해서 중국 왕조는 넓은 지역을 지배할 수 있었다.

2 관료제도 속의 과학연구

과거제도의 이점과 폐해

중국에서는 진·한시대에 중앙집권에 의한 관료제도가 생겨 과학자나 기술자들도 그러한 관료의 일원이 되었다는 것은 이미 말한 바와 같다. 이러한 제도는 수·당시대에 이르러 한층 정비되었다. 수 왕조(581-618)는 극히 짧은 기간에 끝났지만 당의 선구자로서 중요한 의미가 있다. 특히 관료제도의 면에서 수는 큰 변혁을 실시하였다. 더욱이 시험제도에 의하여 관리를 임용하는 과거제도가 수시대에 창설된 것은 그 이후의 중국 사회에 큰 영향을 미쳤다. 육조시대는 일반적으로 귀족사회라고 불려 일본의 헤이안조 시대와 비슷하여 문벌에 의한 관리등용이 행해지고 있었는데, 그것이 일전(一轉)하여 과거에 의하여 일반 백성 중에서 관리의 등용이 행해지게 되었다. 평등주의는 중국인의 근본사상의 하나여서 육조 말기의 혼란 속에서 귀족제도가 붕괴한 것이 직접적인 원인이 되어 그러한 민주적인 등용제도가 시행되게 되었다. 과거제도에서는 세습제도라는 것이 없고 뛰어난 인물이면 이 시험을 통과함으로써 아무리 그 출신이 낮아도 최고의 관리가 될 수 있었다. 이것은 매우 현대적인 방법이어서 7세기 초에 이러한 방법을 실행한 중국인의 정치적 감각은 높이 평가되지 않으면 안 된다. 과거제도는 지식 계급의 불만을 미연에 방지하는 방법이어서 한족의 전통을 지키는 데 쓸모가 있었다. 물론 훌륭한 제도라도, 그것이 영속하고 더욱이 고정되어 가면 여러 가지 폐해가 일어나는 것은 당연하다. 과거제도에서는 유교의 경전을 어떻게 해석하는가, 또 시문(詩文)을 얼마나 잘 짓는가에 시험의 주안이 두어졌기 때문에 특히 과학이나 기술에 뛰어난 인재를 등용할 수 없었다. 훨씬 후인 청조 말기에 서구문명과 대결하지 않으면 안 되었을 때에 과거를 폐지해야 한다는 논의가 활발해진 것도 오히려 당연하다 할 수 있다. 과거에 급제한 사람들은 고급 관료에의 길로 나갔지만, 특별한 지식을 갖춘 과학자나 기술자가 같은 관료제도 속에 들어 있다고는 하지만 보통은 별도로 양성되었기 때문에 이러한 전문가가 관료로서 높은 지위에 오르는 일은 거의 불가능하였다. 이러한 것도 청조 이후에 중국이 서구문명에 뒤지게 된 원인의 하나가 된 것이다.

전문기술자의 양성

그렇지만 수·당시대에는 이러한 전문기술자를 등용하는 제도가 한층 더 정비되었다. 수의 제도를 받아 그것을 정비한 당대의 관료제도는 8세기 전반에 편찬된 『당육전(唐六典)』에 기술되어 있다. 그에 따라서 전문기술자에 대한 몇 가지 제도를 이야기하기로 하자.

먼저 천문역법에 관한 기관으로 비서성(秘書省) 밑에 태사국

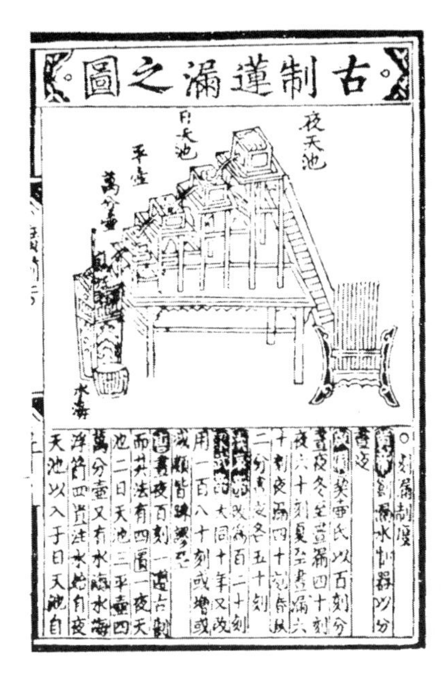

누각도(漏刻圖)

(太史局)이라는 기구가 설치되었다. 그 장관은 태사령(太史令)이라고 불렸는데, 당대 무렵에는 두 사람의 정원(定員)이 있었다. 태사국의 일은 천문관측, 역법의 찬정(撰定)이나 역서의 반포, 점성술을 위해 행하는 천체 및 기상현상의 이변의 관측 등이다. 특히 천체 및 기상현상의 이상(異常)은 국가의 운명과 관계가 있기 때문에 이러한 관측이 행해지면 즉시 이것을 밀봉상주(密封上奏)하고, 만일 그것을 타인에게 누설하거나 하면 엄벌로 다스렸다. 『당육전』에는 천문관측 기계나 천문서 따위는 당사자가 아니면 취급할 수 없도록 되어 있었다. 이러한 금기는 반드시 문면(文面) 그대로 엄중히 행해진 것은 아니었다. 실제로는 태사국 외의 사람이 역법을 편찬한 예가 적지 않다. 당대의 두드러진 예로서 불교승인 일행(一行)이 대연력(大衍曆)을 편찬한 일이 있었다. 그

러나 역시 일반 지식인이 천문학을 배울 기회를 제한한 것은 부정할 수 없다. 여러 가지 천변지이(天變地異)는 매년 한데 합쳐서 기록소(記錄所, 史舘)에 보내지는데, 그것을 정리한 것이 정사(正史)의 천문지(天文志)에 실렸다.

두 사람의 태사령 밑에 두 사람의 태사승(太史丞, 次長)이 있고, 또 역(曆)의 실무를 다루는 사역(司曆)이 두 명, 수대(隋代)의 역박사(曆博士)를 바꾼 보장정(保章正)이 한 명, 역에 필요한 천문관측을 하는 감후(監候)가 5명 있고, 이 밖에 보장정의 지도를 받는 역생(曆生)이 36명, 감후를 보조하는 천문관생(天文觀生)이 90명 있었다. 감후와 함께 수대에 천문박사(天文博士)라고 불리던 영대랑(靈臺郎) 두 사람이 역시 천체나 기상현상을 관측하고, 또 언제나 60명의 천문생(天文生)을 지도하고 있었다. 이 천문생 중에서 수업을 끝낸 사람이 천문관생이 되는 것이다. 시간을 측정하고 시보(時報)를 맡은 관리로는 설호정(挈壺正) 두 명, 사진(司辰) 19명 밑에 누각전사(漏刻典事) 16명, 누각박사(漏刻博士) 9명, 각생(刻生) 360명, 전종(典鐘) 280명, 전고(典鼓) 160명이 있었다. 그 밖에 순전히 사무만을 보는 많은 하급관리를 들고 있는데 위에서 든 전문기술자는 학생을 포함하여 무려 1,000명을 넘는 인원으로 현재의 도쿄 천문대의 인원보다 훨씬 많다. 물론 이것은 정원이어서 언제나 이만한 인원이 있었던 것은 아니다. 게다가 보시(報時) 관계의 인원이 매우 많고 역법의 편찬이나 천문관측에 종사한 기술자는 그렇게 많지 않았다. 그러나 이 태사국이 천문대를 관리하고 천문학 연구를 추진하는 중심이었다. 그 중에서 태사령은 때로는 과거시험에 급제한 관리가 취임하는 일이 있어 그런 경우에는 다른 부서로 옮길 수 있었지만, 그 속관(屬官)의 대부분은 전출이 곤란하고 때로는 전출이 금지되었다.

수학자의 교육기관

당대에는 지금의 대학에 해당하는 국자감(國子監)이라는 것이 있어서 여기서도 관리의 양성이 행해졌다. 전문적인 수학 교육이 행해진 것은 이 국자감에서였다. 수대에는 1명이었던 산학박사(算學博士)가 당대에는 2명으로 증원되어 그 밑에 30명의 학생이 수용되었다. 역생(曆生)이나 천문생이 어떠한 출신인가는 명기되어 있지 않으나, 산학을 배우는 학생은 비교적 하급관료나 일반인의 자제 중에서 선발되었다. 당대 무렵까지 구장(九章), 해도(海島), 손자(孫子), 오조(五曹), 오경(五經), 장구건(張邱建), 하후양(夏侯陽), 주비(周髀), 집고(緝古) 등의 산경(算經), 그리고 철술(綴術)을 포함한 10종의 수학책이 편찬되고 있었는데, 이것들을 학습하는 것이 학생의 의무로 과해졌다. 그 중에서 제일 어려운 것은 조충지(祖冲之)가 쓴 철술로 실로 4년의 기간이 그 학습에 주어지고 있다. 기간을 정하여 시험이 있었는데 문제는 모두 배운 책에서 출제되었다. 거기에서는 별로 독창적인 연구가 장려된 일은 없다. 따라서 꽤 정도가 높은 수학을 배우고는 있었으나 당대에 뛰어난 수학자는 나오지 않았다. 이러한 수학 교육의 목적이 무엇이었는지 지금으로서는 잘 알 수 없다. 그 교과내용은 실무에 필요한 정도를 훨씬 넘고 있어서 졸업한 사람이 산학박사가 되었는지 또는 측량이나 그 밖의 기술 분야로 진출했는지는 잘 알 수 없다. 그러나 학생 정원이 적고 국가에서도 별로 힘을 기울이지 않았다고 생각해도 좋을 것이다.

관료로서의 의사 양성

끝으로 의사 양성제도에 대해 말해두겠다. 어떤 고귀한 신분이라도 병에 걸리는 것을 피할 수는 없다. 천자나 황족 때문에도 의료를 위한 관료제도가 정비되어 있었지만 여기서는 일반관료를 대상으로 하는 태의서(太醫署) 제도를 다루기로 하자. 태의서의 장관으로서 2명의 태의령(太醫令)이 있고 그 밑에 차장에 해당하는 2명의 태의승(太醫丞), 그리고 4명의 의감(醫監), 8명의 의정(醫正)이 있었다. 보통 치료를 하는 것은 의정 외에 20명의 의사(醫師), 100명의 의공(醫工)이며 또 의생(醫生, 20-40명)을 교수하기 위한 의박사(醫博士), 의조교(醫助教) 등이 있었다. 이 밖에 중국의 독특한 치료법인 침구(鍼灸)를 다루는 부서가 있고 또 안마(按摩)도 의료제도에 포함되어 있고, 더 색다른 것으로는 주술(呪術)에 의한 치료법도 제도화되어 있다. 그것들에는 침박사, 안마박사, 주금박사(呪禁博士)가 있어서 학생들을 교수하였다. 태의서에는 이 밖에 약물을 다루는 부서가 설치되어 있었다. 그런데 의박사가 학생을 교수하는 데는 이미 전공 분야가 정해져 있었다. 즉, 체료(體療), 창종(瘡腫), 소소(少小), 이목구치(耳目口齒), 각법(角法) 등의 다섯 부문이다. 체료란 체내 장기의 치료로 지금의 내과에 해당하며 학생의 수가 제일 많다. 창종은 피부에 생기는 종기 치료에 해당하고 도창(刀槍)에 의한 상처의 치료도 포함하여 간단한 외과에 해당한다. 소아과를 독립시켜서 소소라고 부르며 또 이목구치가 독립하였다. 특히 안과는 서방의 영향을 받아서 당대에 발달한 부문이다. 끝으로 각법이라는 것은 미야시다 사부로(宮下三郎)에 의하면 취옥(翠玉)에 의한 사혈요법(瀉血療法)으로, 이러한 민간 요법과 비슷한 것이 제도화되어 있다. 물론 의료 문제는 일반인에게 있어서도 중요하다. 그러나 이 방면에서는 모든 것이 방임되어 있었다. 약간의 의학 지식을 가진 사람이 의사로서 통용되고 개업 시험조차도 없었다.

각종 기술을 다루는 관청

위에서 말한 것은 관료제도 안에서의 과학 기술에 관한 부서의 일부에 불과하고 또 모두 수도에 설치된 것으로 지방 관청에도 이에 준한 것이 필요에 따라 설치되었다고 생각된다. 이 밖에 조정에서 쓰이는 기물의 제작, 더욱이 국가적으로 하지 않으면 안 되는 토목사업, 병기 제작 등 여러 방면에 걸친 기술 관계의 관청이 정비되고 있었던 것을 『당육전』에 의하여 엿볼 수 있다. 그 하나하나에 대해서는 말하지 않겠지만 중국의 정치 조직이 강력한 중앙집권제였기에 거의 모든 과학기술자가 국가에서 관리되고 있었기 때문에 이것이 중국 과학기술의 발달에 좋은 영향과 동시에 좋지 않은 영향을 준 것은 이미 말한 바와 같다. 나중에 말하는 바와 같이 송대 이후에는 도시에서 상공업이 발달하여 시민사회가 형성되어 가지만 통일국가 밑에서는 중앙의 정치력이 강해서 자유로운 시민사회가 충분히 자랄 수 없었다. 어쨌든 관료제도와 그에 따르는 관료 통제는 지금도 중요한 문제이며 이것들이 중국 과학기술의 역사에 큰 영향을 미쳤던 것은 오늘의 관점에서도 충분히 느낄 수 있는 일이다.

3 견당선의 파견

대당(大唐)의 문명을 동경하여

당대의 문명은 주변의 여러 나라에 퍼져서 큰 영향을 미쳤다. 처음부터 중국문명권 속에서 자란 일본은 그 영향을 강하게 받은 나라의 하나였다. 고대 일본은 처음에는 한국을 통해서 중국문명을 받아들이고 있었지만 아스카(飛鳥) 시대 이후에는 견수사(遣隋使), 견당사(遣唐使)의 파견으로 직접적으로 중국 본토의 문명에 접하게 되었다. 물론 그 이전에도 중국 본토와의 내왕은 있었지만 수·당대에는 본격적인 접촉이 시작된 것이다. 견수사는 세번 파견되었는데 그 두번째에는 스이코(推古) 천왕 15년(607)에 오노노 이모코(小野妹子)가 대사(大使)가 되어 〈해 뜨는 땅의 천자, 해 지는 땅의 천자에게 서(書)를 올립니다. 안녕하십니까〉라는 글월을 가지고 가서 양제를 놀라게 한 사건이 있었다. 견당사는 조메이(舒明) 천황 2년(630)에 첫번째 파견이 있었고 우다(宇多) 천황의 관평(寬平) 6년(894)에 스가하라 미치가네(菅原道眞)를 대사로 임명하였지만 파견을 중지하기까지 적어도 12회에 걸쳐서 파견되었다. 일본과 중국을 사이에 둔 동중국해를 횡단하는 항해는 당시의 빈약한 선박으로는 정말 목숨을 건 모험이었다. 그런데도 정식 사절 외에 많은 학자와 학승이 수행하였는데 당시의 일본인이 중국 본토의 문명을 동경한 열의는 메이지(明治) 초년 이후 유럽이나 미국에 유학한 사람들의 열의를 훨씬 능가하는 것이었다. 그만큼 거의 모든 점에 있어서 중국을 모범으로 한 일본의 건국이 새롭게 이루어진 것이다. 나라 시대의 헤이조경(平城京), 헤이안 시대의 헤이안경(平安京)의 조영(造營)은 매우 대규모의 것이어서 당의 장안을 모범으로 함으로써 비로소 일본인에게도 가능하였던 사업이었다. 왕조의 제도에 있어서도 거의가 당제의 모방이었고 과학의 연구체제나 과학에 대한 사고방식도 중국과 아주 비슷하였다. 물론 중국문명을 받아들임에 있어서 일본인 자신이 어느 정도 취사선택을 한 것은 말할 나위가 없다. 중국에서는 예부터 환관제도가 있어서 원래는 후궁에서 일하는 낮은 신분이었던 자가 천자의 측근으로 권력을 잡아 많은 폐해를 남겨왔다. 이러한 제도가 받아들여지지 않은 것은 일본인의 양식을 나타내는 것이라 하겠다. 그러나 또 당제(唐制)를 모범으로 하면서 나쁘게 바꾼 점도 적지 않다. 과거제도는 나중에는 폐해가 생겼지만 아주 민주적인 좋은 면을 가지고 있었다. 그러나 일본에서는 이 제도를 거의 살리지 못하고 귀족을 중심으로 한 세습제도가 오랫동안 행해졌다. 또 과학 연구의 체제에 있어서도 일본에서는 국립천문대에 해당하는 관서가 음양료(陰陽寮)라고 불려 그 이름이 나타내는 것처럼 이 관서에서는 점성술의 연구를 중점적으로 다루었다. 물론 중국 본토의 천문학 연구와 같이 역법과 점성술의 두 가지가 중심이 되었지만, 역법은 중국의 것을 그대로 받아들이고 일본인 자신에 의한 연구는 거의 하지 않았다. 개력일지라도 중국의 새로운 역을 이어받는 것뿐이었다. 일본에서는 당 왕조의 역을 쓴 것이 7세기 말부터이지만, 그 후 세 번의 개력을 거쳐 정관(貞觀) 3년(861)에 당의 선명력(宣明曆)으로 바꾸었는데 이 달력은 823년 동안 사용되어 에도 시대에까지 이르렀다. 달력의 예보에 잘못이 있어도 그것을 수정할 수 없었던 것이다.

당시의 항해기술

다음에 당시의 항해기술에 대하여 말하겠다. 견당사 일행을 태우는 대선(大船)은 특히 하쿠라고 불렸는데, 일본 이름으로는 츠구노후네 또는 츠무라고 하여 당 왕조로 보내는 공물을 실어나르는 것을 뜻하였다. 범선이었지만 바람이 없어지면 수부(水夫)가 노를 저었다. 보통 4척이 일 단(團)을 이루어 50-60명이 나누어 타고 있었다. 1척의 수용인원은 150명 전후이므로 꽤 컸지만 내파성(耐波性)이 약한 배였기 때문에 자주 난파하였다. 중국으로의 항해는 초기에는 큐슈(九州)에서 출발하여 한국의 서해안을 따라 북상하여 황해를 가로질러 산동성의 등주(登州)나 내주(萊州)에 상륙하여 다시 긴 육로를 질러서 장안으로 갈 수 있었다. 그러나 7세기 중엽부터는 큐슈에서 바로 동중국해를 가로질러 양자강구에 이르는 항로를 취하게 되었다. 그 무렵 한국에서는 신라가 강대해졌는데 일본과 적국의 관계에 있어서 한국의 연안을 항해할 수 없게 되었기 때문이다.

범선에 의한 항해는 완전히 바람에 의존하였다. 일본 근해에서는 여름철에는 고기압이 일본 본토에 뻗쳐 동남풍이 불고, 겨울철에는 시베리아로부터의 서북풍이 세게 불어 닥친다. 견당선이 여름, 가을에 많이 큐슈에서 떠난 것은 동남풍을 이용하기 때문이지만, 또한 이때는 태풍의 계절이기도 해서 해상에서의 위험을 각오하지 않으면 안 되었다. 유명한 『입당구법순례행기(入唐求法巡禮行記)』의 저자인 엔닌(圓仁)은 마지막 견당선을 타고 838년에 큐슈 북쪽의 하카타(博多)에서 출범하고 있다. 순풍이 불지 않아 3일 간 배를 대기시켰다가 음력 6월 17일 밤에 남풍(嵐風)을 얻어 출범할 수 있었다. 남풍이란 산악지대에서 바다로 향해 부는 바람을 말한다. 당시에는 아직 나침반이 없어 낮에는 태양, 밤에는 별을 보면서 항해를 계속하였다. 폭풍이 휘몰아치면 오로지 신불(神佛)에 비는 수밖에 없었다. 엔닌 등의 항해도 무서운 시련에 부딪쳐 겨우 출범한 6월 17일 이전에도 두 번의 출항을 시도했지만, 첫번째에서는 그 중 한 척이 난파하여 승조원 150명 중에서 겨우 10명이 쓰시마(對馬島)에 다다랐다. 그리고 대양에 나와서도 태풍을 만나 양자강구 근처에서 중국배에 구조되었다. 〈하늘의 들……〉로 이름난 시인 아베노 나카마로(阿倍仲麻呂)는 돌아올 때 난파하여 끝내 귀국하지 못하고 마침내 중국에 그의 뼈를 묻었다. 또 나라의 도오쇼오다이지(唐招提寺)를 세운 당승 감진(鑑眞)은 일본승의 간청을 받아 바다를 건너기로 결심했지만, 전후 11년 5회에 걸친 실패를 거듭한 뒤 754년에 일본에 다다를 수 있었다.

당문명의 일본에의 영향

이러한 열의는 물론 단순히 당의 문명에 대한 동경뿐만은 아니

페르시아 전래의 유리대접(일본 정창원 소장)

다. 아스카 시대에서 나라 시대로 국가가 발전함에 따라 새로운 나라로의 발전이 필요하여 선진국인 당의 문물제도를 수입하지 않을 수 없었다. 위에서 말한 것처럼 역(曆) 하나라도 당에서 배우지 않으면 안 되었다. 일본에서도 많은 사람이 건너갔지만 또 중국에서도 훌륭한 승려나 학자, 기술자가 일본에 초빙되었다. 나라의 번영은 문자 그대로 당문명의 복사판이었다. 거기에는 당대의 문물이 많이 수입되었지만 또 당을 통해서 더 멀리 페르시아의 것도 들어왔다. 지금 나라의 정창원(正倉院)에 그러한 물건들이 남아 있다. 이리하여 일본은 중국 문화권 안에서 매우 훌륭한 나라가 될 수 있었다. 중국의 문명은 거의 자기들의 힘으로 쌓아 올린 것이었으나 일본은 창조보다도 모방의 길을 따라왔다. 이러한 일본문명의 특질은 현재도 계속되고 있다고 할 수 있을 것이다.

정창원의 약물

나라의 정창원*은 당대의 훌륭한 공예품 등을 수장하는 일대 보고로서 세계적으로 유명하다. 본국인 중국에서는 이미 없어진 것이 옛 모습을 그대로 남기고 있다.

그 중에는 유리 그릇과 같은 페르시아에서 들어온 것이 당을 통해서 일본에 건너와 있다. 정창원의 소장품은 근년에 많은 학자에 의하여 연구가 진행되어 여러 가지 업적이 발표되고 있다. 여기서는 도모히나 야스히코(朝比奈泰彦) 박사를 단장으로 해서 행해진 약물 조사의 결과를 간단히 간추려 보겠다. 당대에는 이미 남해무역이 이루어지고 있었다는 것을 말했지만, 이 무역에 의하여 수입된 것은 사치품, 향신료(香辛料), 그리고 약물류가 많았다. 이렇게 외국에서 당에 수입된 것이 다시 일본으로 건너오고 있었다. 천태승보 8년(756), 조정에서 동대사(東大寺)에 헌납된 물건들은 지금도 남아 있는 헌물장(獻物帳)에 기록되어 있는데 그 중에 약물은 60종류를 헤아리고 있다. 도모히나 박사 등의 조사로는 현존하는 장내(帳內)약물은 40종, 그리고 헌물장에 들어 있지 않는 것으로 남아 있는 장외(帳外)약물은 16종에 달하고 있다. 그 중에서 흥미있는 것 몇 가지를 설명해 보겠다.

사향(麝香) : 중국 서부의 고지에 사는 사향 노루 수컷의 아랫배에서 빼낸 것. 의약 또는 향료.

서각(犀角) : 남양, 인도, 아프리카산 코뿔소의 뿔. 해열제.

필발(畢撥) : 남양산 후추나무과의 식물. 산스크리트의 음역(音

---

* 나라 동대사(東大寺) 대불전(大佛殿) 북면에 위치한 목조 대창고. 보고(寶庫)와 경권(經卷)을 수납한 성장어(聖藏語) 등이 있다. 보고는 교창(校倉)을 2개 남북으로 잇고 중간을 판창(板倉)으로 연결하여 사주조와(四注造瓦)를 입힌 큰 지붕을 걸었다. 남북 32.7m, 동서 9m, 높이 13m, 마루 밑 2.4m로, 내부는 북, 중, 남의 3창(倉)으로 나뉜다. 성무천황(聖武天皇, 45대, 701-756년, 재위 724-756)의 유품, 동대사의 사보(寺寶), 문서 등 7-8세기 동양 문화의 정수 9,000여 점을 수납하고 있다. (옮긴이)

譯), 전에는 봄베이를 집산지로 했다. 열매는 건위제(健胃劑), 뿌리는 강장제(强壯劑).

호초(胡椒) : 향신료로서 예부터 유럽에서 귀하게 여겼다. 인도 원산의 후추 열매를 쓴다. 인도와 인도네시아 각지에서 재배되었다.

용골(龍骨) : 이 명칭으로 녹각(鹿角), 상아(象牙), 상치(象齒) 등이 포함되었다.

뇌환(雷丸) : 촌충을 주로 하는 기생충 제거에 특효가 있다. 대나무 뿌리에 생기는 일종의 버섯에서 얻어지고, 중국에서는 호북, 섬서, 안휘 등이 주산지.

자광(紫鑛) : 동인도, 남양 방면에서 산출되는 것으로 락깍지진디의 암컷이 분비한 나무진 같은 것으로, 여기에서 빨간 색소를 뽑아내서 물감으로 한다. 그리고 장외품(帳外品)의 물감으로서 남방 열대산의 소방(蘇芳)이 있다.

빈랑자(檳榔子) : 남방의 열대산. 건위제.

파두(巴豆) : 마찬가지로 남방산 연의 씨. 하제(下劑)나 토제(吐劑)로 많이 사용되었다.

무식자(無食子) : 몰식자(沒食子)라고도 하며 서남아시아산. 떡갈나무에 알을 낳는 벌의 자극에 의하여 생기는 나무의 병든 조직. 하제도 되지만, 타닌이 많고 그리스, 로마에서는 가죽을 무두질하는 데에 사용되었다.

가리륵(可梨勒) : 산스크리트의 음역. 남양산 대목(大木)의 열매. 건위제.

계심(桂心) : 육계(肉桂)의 상품(上品)으로 중국 남부에서 많이 산출된다. 계피(桂皮)라고도 한다. 향신료이며 또 해열 및 진통제로 사용.

자당(蔗糖) : 헌물장(獻物帳)에는 들어 있는데 정창원에는 지금 없다. 감진(鑑眞)이 내조했을 때 꽤 많은 양의 자당, 즉 설탕을 수입하였다. 설탕의 제법은 당대 초에 인도에서 전해졌다.

밀타승(密陀僧) : 산스크리트 또는 페르시아어의 음역으로 당대에는 페르시아에서 수입되었다. 납의 화합물로 그림 물감에 섞어서 건조제로 한 외에 약물에도 사용되었다.

야갈(冶葛) : 어떤 종류의 식물의 뿌리로 맹독이 있다. 중국 남부산. 천평보자(天平寶字) 2년과 5년에 이 독물이 정창원에서 밖으로 나갔다. 과연 무엇에 사용되었을까?

침향(沈香) · 백단(白檀) : 둘 다 분향(焚香)으로 귀하게 여겼다. 침향은 인도, 백단은 인도 남부나 소순다 제도Lesser Sunda Islands에서 산출되는 식물. 장외품.

정향(丁香) : 정자(丁子)라고도 한다. 역시 장외품이다. 향신료로서 후추와 함께 귀하게 여겼다. 향료제도의 이름으로 알려진 몰루카 제도Moluccas 원산.

이 약품류들은 시료, 그 밖의 이유로 정창원에서 가끔 방출되었다. 난사대(蘭奢待)의 이름으로 알려진 훈향(薰香)은 침향과 비슷한 거목(巨木)인데 아시가카 요시미츠(足利義滿)나 오다 노부나가(織田信長)가 그 한쪽을 잘라갔다고 한다. 위에서 말한 약품류에는 중국 이외의 외국산이 많은데 그것은 거의 당대에 전해진 것이며 당대의 약물서로서 유명한 『신수본초(新修本草)』에 비로소 기록되어 있다. 당대의 의학에도 외국의 영향이 어느 정도 있었다고 생각되는데 약물면에서는 꽤 새로운 것이 전해졌다.

4 종이와 인쇄술

유럽 문명에서 종이의 역할

중국인의 3대 발명 또는 4대 발명이라 불리는 것 중 당대에 서방으로 전해진 것은 제지술이다. 종이의 발명이 어느 정도 세계에 공헌했는가는 새삼스럽게 말할 필요조차 없을 것이다. 서양에서는 처음 이집트에서 물가에 자라는 줄기를 모아서 그 위에 문자를 썼다. 이것이 파피루스 papyrus라고 불려 페이퍼paper의 어원이 되었다. 물론 풀이기 때문에 취급하는 데나 보존하는 데 불편이 많았다. 로마 시대에 들어서자 양의 가죽을 무두질해서 거기에 글을 쓰게 되었다. 이것이 양피지로서 유럽의 중세는 거의 이것을 쓰고 있었다. 다루기 불편함은 물론이고 값도 꽤 비싸서 일반 서민은 양피지 책을 자유로이 손에 넣을 수 없었다. 유럽의 근세가 열리게 되는 원인은 결코 간단하지 않다. 그러나 종이가 사용되고 얼마 후 인쇄술이 전해져서 값싼 책을 비교적 자유롭게 얻을 수 있었다는 것이 유럽 민중의 지식 수준을 높이고 학문의 부흥에 이바지한 것은 무시할 수 없다.

종이 서방에의 전파

제지술은 후한의 채륜(蔡倫, ?-121)에 의해서 발명, 개량되어 대량 생산이 시작되었다. 일본에서는 화지(和紙)라면 닥(楮)이나 삼지닥나무에 국한되어 있지만 중국에서는 여러 가지 식물의 섬유가 쓰였다. 마(麻), 상(桑), 등(藤) 이외에 질이 나쁜 종이의 원료로서는 대나무의 섬유를 쓴 죽지(竹紙)가 대량으로 생산되었다. 당대에 들어서면 종이의 사용은 일반에게 보급되어 제지업도 성행하였다. 제지술이 서방에 전해진 것은 현종 때였다. 고구려 출신의 무장 고선지(高仙芝)는 서투르키스탄에 원정하여 군공을

우표에 그려진 채륜(蔡倫)

세워 한때는 서역 여러 나라가 당 왕조에 입공(入貢)할 정도였는데 지금의 이라크에 근거를 둔 아바스 왕조Abbasids의 군대가 진출하게 되었다. 이 이슬람 군대와 탈라스Talas 하반(河畔, 지금은 카자흐스탄에 포함됨)에서 싸운 고선지는 이 전쟁에서 대패하여 많은 포로를 남기고 철수하였다. 751년의 일이었다. 당시 중국에서는 징병제가 시행되고 있었기 때문에 병사들 중에도 여러 가지 직종을 가진 자들이 있었다. 포로 중에는 지록공(紙鹿工)을 비롯한 잡다한 기술자가 포함되어 있어서 이 기술자들이 이슬람 제국에 많은 영향을 주었다. 특히 지록공들은 얼마 후에 세워진 사마르칸드Samarkand의 제지공장의 중심 기술자가 되었다. 이 지방에서는 마가 재배되고 있어서 이것이 종이의 원료로 쓰였다.

제지기술은 이슬람의 세력권을 뚫고 점점 서방으로 퍼져나갔다. 지금 시리아의 수도가 되어 있는 다마스커스Damascus에 전해지고 10세기에는 이집트에도 제지공장이 생겼다. 그 후 아프리카의 북안을 따라 스페인에 제지기술이 전해진 것은 12세기경이어서 역시 마가 많이 재배되고 있던 발렌시아 Valencia 지방에 공장이 세워졌다. 당시 스페인 남부는 이슬람에 의하여 지배되던 곳이었다. 또 이탈리아에서는 13세기 중엽 이후에 제지가 행해지게 되어 14세기에 들어서자 유럽의 거의 전역에서 종이가 제조되게 되었다.

인쇄술의 시작

제지술과 함께 인쇄술도 또한 중국인이 세계에 앞서 발명한 것인데 그 발명의 시기와 서방으로의 전파는 조금 분명치 않다. 인쇄물로 현존하는 최고의 것도 중국 아닌 일본에 남아 있다. 고오겐(孝謙) 천황의 칙원(勅願)으로 백만의 삼중소탑(三重小塔)을 만드는 일이 계획되었는데 6년의 세월이 걸려 완성되어 나라를 중심으로 한 여러 절에 보내졌다. 그것은 770년의 일이어서 지금 법륭사(法隆寺)에 300기가 남아 있다. 이 소탑 속에는 재액을 몰아내는 주언(呪言)을 인쇄한 다라니가 들어 있는데 이것이 최고의 인쇄물이다. 이 인쇄물에는 큰 것과 작은 것이 있는데, 세로는 5cm 내외, 가로는 17-50cm 가량으로 어느 것이나 한 장짜리이다. 이러한 인쇄기술은 당시의 정세로 미루어 당에서 전해진 것으로 생각되며, 따라서 중국에서는 인쇄술이 770년 이전에 시작되었다고 단정할 수 있다. 그러나 애석하게도 중국에는 이렇게 오랜 인쇄물은 없고, 옛 문헌에는 태화(太和) 9년(835)경에 사천성(四川省)에서 역서(曆書)의 인쇄가 금지되었다는 기록이 있지만, 현존하는 인쇄물은 이보다 조금 뒤진다. 돈황 출토의 고문서 중에 함통(咸通) 9년(868)에 인쇄된 금강반야바라밀경(金剛般若波羅密經)이 있는데 현존하는 것으로 가장 오래 된 인쇄물이다. 초기의 인쇄가 경(經)이나 역서(曆書)였던 것은 유럽의 경우와 같아서 돈황에서는 건부(乾符) 4년(877)으로 단정할 수 있는 한 장으

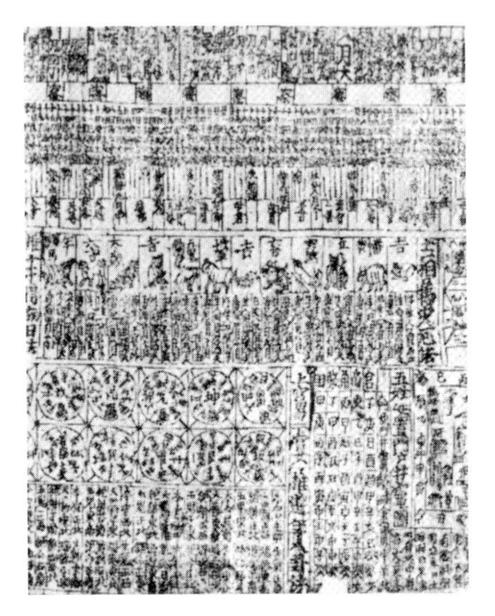

당대에 인쇄된 달력(877)

로 된 달력이 발견되고 있다. 위의 예로 보아 당에서는 9세기 후반이 되면 인쇄술이 꽤 널리 행해지고 있었다고 보아도 좋을 것이다. 그러나 부피가 큰 유교 경전이 인쇄된 것은 당의 다음인 오대로부터이고 다시 송(宋)시대가 되자 민간에서 인쇄업이 발달하게 되었다. 중국의 인쇄술은 목판인쇄로 시작되었다. 그런데 11세기 중엽, 북송의 경력 연간(庚曆年間)에 필승(畢昇)이라 부르는 공인(工人)이 활자인쇄를 발명하였다. 당시의 활자는 흙을 굳힌 것으로 동판 위에 납을 부어 그 위에 활자를 놓고 위에서 종이를 대고 인쇄하였다. 그 수법은 지금의 목판인쇄와 같다. 그 후에 목활자가 만들어지고 또 13세기 초에는 한국에서 청동활자가 사용되게 되었다.

인쇄술의 서방에의 전파

늦어도 8세기 후반에 발명된 인쇄술이 유럽에 전해지기까지는 꽤 오랜 시간이 필요했다. 중국과 유럽을 잇는 이슬람 제국에서는 종이의 경우와는 달리 인쇄술을 받아들이려 하지 않았던 것 같다. 그 이유는 성스러운 코란을 인쇄하는 것은 신에 대한 모독같이 생각되었기 때문이다. 인쇄술은 일본을 비롯하여 주변 나라들에 급속히 퍼졌다. 동투르키스탄 지역에서도 이민족에 의하여 꽤 일찍 인쇄가 행해졌는데 이슬람 제국에 가로막혀 유럽에의 전파가 방해되었다. 13세기 초에 있었던 몽고의 발흥은 그러한 장애를 타파하였다. 몽고는 이미 칭기즈 칸 시대에 서투르키스탄을 지배하고 있었는데 그 후계자들은 페르시아를 비롯하여 러시아와 동유럽에 군대를 진격시켰다. 특히 러시아의 지배는 2세기 이상이나 계속되어 모스크바 동쪽에 있는 니즈니 노브고로드 Nizhne Novgorod의 시장에는 중국이나 터키의 대상(隊商)이 와서 유럽의 상인과 접촉하였다. 여기가 인쇄술의 서방 전파의 한 루트로 생각되고 있다. 또 하나의 루트는 페르시아에 세워진 몽고인의 제국인 일한 Il Khan국과 유럽과의 접촉이었다. 일한국의 수도 타브리즈 Tabriz는 14세기 초의 국제도시여서 중국인을 비롯하여 서역의 여러 민족, 더욱이 유럽인까지 왔었다. 게다가 여기서는 인쇄된 지폐가 사용되고 있었다 한다. 국제도시답게 지폐는 중국어와 아랍어로 인쇄되어 있었다. 물론 몽고가 지배하던 시대에는 중국 본토를 내왕하는 유럽인도 적지 않았다. 몽고가 중국본토를 지배하여 국호를 원(元)이라고 고친 것은 세조 쿠빌라이 한 Khubilai Khan(1216-1294)의 지원(至元) 8년(1271)인데, 그 전후에 유럽에서 만은 사람들이 중국 본토나, 몽고가 처음에 수도를 두었던 외몽고 땅을 찾아왔다. 특히 그리스도교의 선교사가 외교상의 사명이나 전도의 목적으로 자주 찾아와서 여행기나 편지를 남기고 있다. 13세기 중엽에 왔던 로이스브록 Willem Ruysbroeck은 중국에서 많은 유럽인을 만났는데, 그는 인쇄된 지폐에 대하여 쓴 최초의 유럽인이기도 했다. 그러나 원시대에 중국에 갔던 이탈리아인 마르코 폴로 Marco Polo(1254?-1324?)는 상인이기는 했지만, 중국의 번영을 유럽에 소개하고 동방에의 동경을 불러일으킨 인물로 유명하다. 마르코 폴로가 가지고 돌아간 목판으로 인쇄된 지폐에 의하여 베네치아를 중심으로 인쇄가 시작되었다는 설이 있다. 그러나 이 설은 14세기 말에 한 목판인쇄 기술자가 전한 것이어서 완전히 신용할 수 없다. 이탈리아에 인쇄술이 전해진 것은 마르코 폴로가 귀국한 뒤 반세기 가량 지난 뒤였다. 주로 상업 때문에 중국에 내왕하는 유럽인의 수는 14세기 초에 최고조에 달했다고 한다. 13세기 말에 중국에 전도하러 왔던 몬테 코르비노 Giovanni di Monte Corvino(1247-1328)는 불과 10년쯤 되는 동안에 6,000명이나 되는 중국인과 몽고인에게 세례를 주었다. 로마 교황은 그 성공을 보고 다시 몇 명의 선교사를 파견하였다. 그들은 복건(福建) 지방에서 전도를 했는데, 거기에도 많은 유럽인이 있었다고 한다. 몬테 코르비노는 교회를 세우고 성서를 몽고어로 번역했는데, 또 전도의 필요성에서 종교화(宗敎畵)를 인쇄한 일도 있었다. 유럽에 목판인쇄가 전해진 경로는 위에서 말한 것처럼 몇 개의 루트가 있었던 것 같다. 언제부터 유럽에서 목판인쇄가 시작되었는지는 확실하지 않지만, 14세기 말에 이탈리아를 중심으로 처음에는 회화의 인쇄에서 시작되어 얼마 뒤에 책의 인쇄로 번져나갔다. 조금 뒤늦게 활자인쇄가 독일을 중심으로 활발해졌는데 이것도 중국의 영향에 의한 것이라고 생각해도 좋을 것이다. 중국에서는 문자의 성질상 활자인쇄보다 목판인쇄가 더 활발하였다. 그러나 로마자를 사용하는 유럽에서는 활자인쇄의 방법이 알려지게 되자 그것이 급속히 발달하여 인쇄술의 중심이 되었다.

이에 반하여 중국이나 일본에서는 활자인쇄가 행해지지 않은 것은 아니지만 목판인쇄가 주류로 오랫동안 계속되었다.

5 중국의 근세사회

귀족사회의 몰락과 근대적 사회

중국 사회가 당말을 고비로 크게 변화했다는 것은 거의 정설이라 해도 좋다. 나이토 고난(內藤湖南) 박사는 당 중기 이전을 중국의 중세로 하고 당말 이후를 근세라 했다. 정치가 사회를 크게 지배해 온 중국에서는 그 전후에 정치의 방법이 크게 바뀌어 그것이 마침내 사회의 변화를 재촉하게 하였다. 보통 육조시대는 귀족 정치 시대라고 불리고 있지만 과거제도가 실시된 당에서도 역시 그 영향은 강하게 남아 있었다. 당 태종(太宗) 당시 제1급의 가문은 북방에서는 박릉(博陵) 최씨(崔氏), 범양(范陽) 노씨(盧氏) 등이었는데 태종의 집안은 농서(隴西) 이씨(李氏)로 제3급에 위치하여 이 순서는 천자의 위력으로도 변경할 수 없었다. 이 귀족들은 같은 계급끼리 결혼하여 굳은 단결을 이루어 높은 관직은 그들이 차지하였다. 그런데 8세기 중엽에 일어난 안록산(安祿山)의 반란 이후 전란이 계속되어 이러한 귀족계급이 몰락하고 새로운 사회가 생겨났다. 천자를 정점으로 하는 정치조직은 바뀌지 않은 채 오대의 분열을 거친 북송시대에는 오히려 천자의 권력은 더 강대하게 되었지만, 전에는 귀족의 사유물이었던 많은 백성이 해방되었다. 군주의 독재체제 아래에서 백성은 모두 국가의 관리하에 들어가 관리(官吏)의 지위는 백성 앞에 공평하게 분배되었다. 이러한 정치정세의 변화에 따라 북송시대에 유럽의 르네상스와도 같은 사회현상이 일어나게 되었다는 것은 미야자키

이치사다(宮崎市定) 박사에 의하여 지적된 바와 같다. 그와 비슷한 점을 몇 개 들어보겠다.

고전에의 복귀와 학문의 흥륭

르네상스 운동은 그리스의 옛날로 돌아가 거기서 새로운 문명을 만들어내려는 것이었으나, 북송시대에는 유학과 문학 면에서 고대로의 복귀운동이 일어나 유학 쪽에서는 나중에 송학(宋學)이나 주자학이라 불린 신유학이 일어나고 또 문학에서는 고문부흥과 더불어 구어문학이 활발해졌다. 그러나 이러한 지적은 유독 유학이나 문학면에서만이 아니었다. 고금을 통해서 북송의 황제들만큼 의학에 관심을 가진 일이 없었다고 하는데, 『황제내경(黃帝內徑)』이나 『상한론(傷寒論)』을 중심으로 하는 많은 고전 의서(醫書)가 충분한 교정을 거쳐서 간행되었다. 또 의서와 함께 약물서의 간행이 성행하여 후세에 큰 영향을 준 『증류본초(證類本草)』가 북송 말기에 간행되었다. 송대에 활발했던 인쇄술은 고전 수학서(數學書)의 간행에까지 이르러 전반적으로 수학의 수준을 높이는 데 기여하였다. 이러한 인쇄물의 유행, 그리고 활발한 과학기술의 발달도 미야자키 박사가 지적한 바와 같이 유럽의 르네상스에 나타난 현상과 비슷하다. 이미 말한 것같이 필승이 활자인쇄를 발명한 것도 북송시대인데 필승에 대한 것을 소개한 심괄(沈括)은 북송을 대표하는 과학자의 한 사람이었다. 그는 국립천문대를 주재하는 태사령이 되었는데, 그보다 승진하여 훨씬 높은 벼슬에 올랐다. 만년에 쓴 『몽계필담(夢溪筆談)』에서는 그가 재직 중에 견문한 것을 중심으로 다방면에 걸친 기술을 볼 수 있다. 그 중 과학기술에 관한 기사가 많은데, 그의 태도는 매우 비판적이며 또 경험주의적이다. 그는 천문학 외에 약물에 대한 지식도 깊었는데 관리로 취임한 고장의 명의를 찾아 훌륭한 처방을 듣고는 스스로 그 약효를 시험하였다. 그의 예리한 자연 관찰은 높이 평가되고 있다. 그는 연안(延安) 지방에 취임한 일이 있었는데, 거기서 대나무의 화석을 발견하였다. 대나무는 원래 습윤한 지방에서 자라는데 연안은 건조하여 당시에는 대나무가 자라고 있지 않았다. 그것에 주의한 그는 기후가 시대에 따라 변화하는 것을 지적하였다. 또 황하 유역의 황토층에서 바다에서 나는 조개의 화석을 발견하고 전에는 이 지방이 바다였다고 말하고 있다. 이러한 지식은 유럽보다 몇 세기나 일찍 알려진 사실이다. 또 그는 자석에 대하여 기술하고 있는데 특히 자석이 진북극(眞北極)을 가리키지 않는 것을 알았다. 이 벗어남은 편각(偏角)이라 불리는데 이 발견도 유럽보다 몇 세기 앞서고 있다.

북송시대의 철 생산

북송시대에는 비교적 평화가 오래 계속되었다. 그러나 요(遼)나 서하(西夏) 등의 이민족과의 분쟁은 그치지 않았다. 그 때문에 많은 병력을 필요로 하였으므로 군사기술도 활발해져서 비로소 화약이 병기에 사용되게 되었다. 또 병기나 민간의 일용품에 필요한 철의 생산도 활발해져서 공전(空前)의 산출량을 보이게 되었다. 석탄의 사용이 보급되어 철 제련에도 사용되었다. 이 사실에 착안한 미국의 학자 하트웰 R. Hartwell은 북송시대를 1540–1640년에 있어서의 영국의 초기 산업혁명기에 비교하고 있다. 물론 북송시대를 유럽의 르네상스나 영국의 초기 산업혁명에 비교하는 것은 오히려 표면적인 현상을 가지고 말하는 감이 있다. 유럽과 중국과는 정치하는 자세나 사회정세가 많이 달랐다. 중국에서는 민중의 지위가 올랐다고는 하지만 절대군주 앞에서는 무력한 존재여서 토지의 사유조차 공식적으로는 인정되지 않았다. 도시는 번영했지만 끝내 유럽과 같은 자유로운 시민사회는 형성되지 않았다.

금·원 교체기의 과학

북송시대에 있어서의 과학기술의 높은 수준은 북방의 이민족인 금(金)이 12세기 초에 북송의 수도를 점령하게 되면서 큰 타격을 받았다. 두 사람의 황제가 포로로 북방에 끌려갔을 뿐 아니라 회하(淮河) 이북의 땅이 금의 지배하에 들어갔다. 그러나 금의 영토 안에 살고 있던 한인(漢人) 학자들 중에서 뛰어난 의학자나 수학자가 나타난 것은 특히 주목할 만한 사실이다. 즉, 의학 방면에서는 이고(李杲)를 필두로 하여 주진형(朱震亨)에 이르는 4명의 유명한 의학자가 금말에서 원에 걸쳐 나와 금원의학(金元醫學) 또는 이주의학(李朱醫學)의 이름으로 알려진 학문체계를 쌓아 올렸다. 또 수학자로는 역시 금에서 원에 걸쳐서 이야(李冶)나 주세걸(朱世傑) 등이 나와 일종의 대수학인 천원술(天元術)을 완성하였다. 그리고 천문학면에서는 원의 수시력(授時曆)을 편찬한 곽수경(郭守敬) 등도 전에는 금의 지배하에 살고 있던 학자였다. 금에서 원에 이르는 무렵, 즉 13세기 전반에는 주로 화북땅에서 의학이나 수학에서 뚜렷하게 혁신적인 움직임이 있었다. 물론 그것은 전통에서 벗어난 것이 아니었다. 금·원 교체라는 혼란한 시기에 그렇게 큰 비약이 있었던 것은 얼핏 보아 이상하게 생각될 것이다. 그러나 북송시대에 전국에 뿌려진 학문의 씨앗이 오랜 문명의 중심이었던 화북 땅에서 싹튼 것이다. 금이 지배한 이 화북에는 북송의 멸망 후에도 훌륭한 학자가 많이 머무르고 있었고, 더욱이 원의 시대에 비하면 금의 지배자들은 한족을 우대하고 있어서 이런 것도 화북의 학문의 진보를 도왔다. 또 금의 치하에서 도교(道敎)의 개혁이 이루어져 왕중양(王重陽)이 새로 전진교(全眞敎)를 창시하였다. 마치 유럽에서 종교개혁시대에 코페르니쿠스가 출현한 것같이 화북에서 지식층 사이에 미쳤던 정신적 긴장이 새로운 학문에의 길을 연 것같이 생각된다.

남송 치하의 문명

강남 땅으로 달아나서 항주(杭州)를 수도로 한 남송시대는 금과의 대립과 몽고의 발흥에 의하여 끊임없이 이민족의 침략에 시달렸다. 금에게 과학기술상의 성과를 모조리 빼앗겨 북송시대의 높은 학문 수준은 쉽게 부흥하지 못하였다. 그러나 강남의 선진지대에서는 도시는 번영하고 활발한 경제활동이 이루어지고 있어서 서민에게 깊이 뿌리 내린 학문이 보급되었다. 송학을 대성한 주자(朱子, 1130-1200)는 이러한 남송 사회에 태어났다. 그의 학문체계 중에는 우주에 대한 깊은 철학이 내포되어 거기서는 흥미 있는 과학사상을 찾아 볼 수 있다.

당에 비하면 송의 세력권은 매우 줄어들어 북송시대는 어떠했든 남송이 되자 실크로드는 아주 폐쇄된 상태가 되었다. 당과 같은 세계 제국의 면모는 사라졌지만 주변에의 영향은 결코 적지 않았다. 일송(日宋)무역을 통해서 많은 것이 일본에 전해졌다. 북송시대에 시작된 선종(禪宗)이 일본에서 번성한 것은 새삼스럽게 말할 필요도 없다. 송대에는 도시에서의 상공업의 발달에 수반하여 화폐의 유통이 활발해졌는데 송의 동전은 동남아시아를 비롯하여 일본에도 많이 운반되어 그곳의 통화가 되기도 하였다. 또 실크로드는 폐쇄되었다고 하지만 당말 이래로 남해무역이 성행하여 동남아시아의 여러 민족, 인도인, 그리고 멀리 페르시아를 중심으로 한 이슬람 교도가 많이 찾아오게 되어 그 영향은 시대와 함께 커져갔다. 그리스도교의 유럽, 이슬람교의 나라들, 그리고 유교와 불교의 중국을 세계의 삼대 문화권이라고 한다면 이 이슬람교의 문명은 많은 영향을 중국에 미쳤다. 다음에 그 주제를 다루어 보겠다.

제5장

이슬람 문명과의 교섭

1 이슬람 문명의 의의

이슬람의 지배하에서

아라비아 반도의 일각에서 무하마드가 이슬람교를 창시한 것은 7세기 전반의 일이었다. 무하마드와 그 후계자에 이끌린 아랍의 군대는 삽시간에 이웃을 정복하여 점령지의 민중을 이슬람교로 개종시켰다. 8세기 중엽이 지나서 바그다드를 수도로 하는 아바스 왕조가 성립할 무렵에는 동쪽은 페르시아와 그 주변, 서쪽은 아프리카의 북안을 따라 스페인에 이르는 광대한 지역이 이슬람의 지배하에 들어가게 되어 종교를 중핵으로 하는 이슬람의 세력은 강대한 것이 되었다. 이슬람 문명은 먼저 아바스 왕조하에서 번영하였다. 원래 지배층이었던 아랍인은 수가 적어 주로 군사나 이슬람 신학 연구에 종사하고 있었고, 과학이나 기술은 아랍인 이외의 민족에 의해 추진되었다. 아바스 왕조의 칼리프 Khaliph들 중에는 제2대의 알 만수르 Al-Mansur(754-775), 제5대의 하룬 알 라쉬드 Harun al-Raschid(786-809), 제7대의 알 마문 Al-Mamun(813-833)과 같은 학문의 애호자가 나타나 그리스 과학의 수입을 열심히 해서 많은 그리스 과학서적이 아랍어로 번역되게 되었다. 아케멘 왕조Achaemenids 이래로 오랜 문명을 쌓아온 페르시아에서는 3세기 초에 사산 왕조가 세워져 훌륭한 문명을 쌓아올렸다. 이 왕조는 아바스 왕조의 성립 이전에 이슬람 군대에 의하여 멸망하였는데, 그 지배하에 있던 페르시아인 중에서는 훌륭한 과학자가 배출되었다.

이슬람 과학과 유럽

이슬람 과학의 연구에는 아직 많은 미해결의 문제가 남아 있다. 이슬람에는 아바스 왕조 초기에 인도 과학이 전해졌지만 그리스 과학의 영향을 가장 강하게 받았다. 원래 소아시아 지방에는 그리스 문명이 침투해 있어서 그리스 과학책이 시리아어Syriac로 많이 번역되어 있었다. 그러나 아바스 왕조는 그 초기부터 직접 그리스어 문헌에서 아랍어로 번역하였다. 이리하여 그리스어 문헌의 중요한 것은 거의 아랍어로 옮겨져서 이러한 연구들을 출발점으로 하여 이슬람 과학이 발달해 나갔다.

이 이슬람 과학이 10세기 이후 유럽에 전해졌다. 학문상으로 유럽과 이슬람이 접촉하기 시작한 것은 이슬람이 지배하고 있던 스페인에서부터이다. 10세기 말에, 나중에 로마 교황 실베스터 2세Sylvester II가 된 제르베르Gerbert(약 940-1003)가 스페인에 유학하여 아랍어 문헌을 라틴어로 번역하였다. 아라비아 숫자를 처음 유럽에 전한 것도 그였다. 그 뒤에 이슬람 학문을 대량으로 라틴어로 번역하여 소개한 것은 12세기의 제라르도 다 크레모나Gerardo da Cremona(1114-1187)였다. 이때에는 그리스의 천문서를 대표하는 프톨레마이오스의 『알마게스트*Almagest*』나 아리스토텔레스의 여러 저작, 그리고 아비케나Avicenna(Abu Ali ibn Sina, 980-1037)의 『의학정전(正典) *Al Qanun fi'l-Tibb*』 등 많은 과학서가 라틴어로 번역되었다. 이러한 번역에는 라틴어에 적당한 말이 없어서 아랍어를 그대로 쓰지 않으면 안 되는 경우도 적지 않았다. 그래서 〈알코올 alcohol〉, 〈알칼리 alkali〉, 〈알제브라 algebra〉 등, 현대어 속에 살아 있는 아랍어가 많다. 이렇게 이슬람의 학문은 과학을 포함하여 유럽의 르네상스에 큰 영향을 미쳤기 때문에 이슬람 문명의 수입을 무시하고는 유럽의 부흥을 생각할 수 없다. 유럽의 중세에는 그리스의 훌륭한 학문은 거의 잊어버리고 있었지만, 그 시기에 이슬람 학자들은 그리스 과학의 수준을 유지하고 더 나아가 그것을 발전시켰다.

이슬람의 과학자들

이슬람 학자가 이룩한 과학상의 업적은 결코 적지 않았다. 중국의 학문이 정치 지배하에 있었던 데 대하여 이슬람 세계에서는 종교가 모든 것에 군림하였다. 그래서 대뜸 점성술이나 연금술과 같은 신비적인 과학이 유행하였다. 그런 가운데서도 새로운 천문학상의 발견이나 화학상의 업적이 이루어졌다. 물론 그들이 행한 과학 연구는 그러한 분야에서 뿐만은 아니었다. 물리학이나 의학에 있어서도 많은 업적을 이룩하였다. 예를 들면 라틴 이름으로 알하젠 Alhazen으로 알려진 이븐 알 하이탐 lbn al-Haitham(약 1003)은 광학에 많은 지식을 가지고 있어서 빛의 굴절이나 반사에 대한 연구로 그리스 시대의 학설을 수정하였고, 또 눈의 구조를 연구하여 렌즈 작용으로 망막 위에 상이 이루어지는 것을 처음으로 밝혔다. 13세기에 영국의 로저 베이컨 Roger Bacon(1235-1315)이 광학 연구를 시작한 것은 알하젠의 저서가 출발점이 되었다. 또 운동학에 관한 문제도 이슬람의 과학자에 의하여 연구되었다. 유럽의 근대 과학은 먼저 운동학의 면에서 발달해 나갔다고 할 수 있다. 아리스토텔레스의 운동학에 많은 모순이 있다는 것을 알고, 그것을 해결하기 위해서 많은 학자들이 연구를 거듭하여 마침내 갈릴레이에 의해서 근대적인 역학이 이루어졌다. 그 선구자들 중에 이슬람 과학자들이 포함된다. 특히 12세기에 스페인의 코르도바 Cordova에서 태어난 이븐 루쉬드 Ibn Rushd(1126-1198, 라틴어로는 아베로에스 Averroes)는 아리스토텔레스의 뛰어난 연구자로서 르네상스 때의 유럽에 널리 알려진 학자였다. 유럽 사람들은 이 아베로에스의 저작을 통해서 비로소 아리스토텔레스의 학문체계를 알았다. 이것은 유럽에 있어서의 학문부흥에 큰 관계를 가지고 있다.

동서의 중개자로서의 이슬람

이슬람 과학의 공적은 그리스 과학을 바탕으로 하는 연구와 그것을 유럽에 전했다는 것뿐만은 아니었다. 그들은 동과 서를 잇는 중개자로서 중국이나 인도의 과학기술을 서방에 전하여 유럽의 과학 부흥에 기여하였다. 인도에서 전해진 것으로는 지금의 아라비아 숫자가 유명하다. 아라비아 숫자는 원래 인도에서 시작되었지만, 그것이 아라비아의 지배하에 있던 사람들의 손에 의해서 유럽에 전해진 데서 아리비아 숫자란 이름이 나온 것이다. 이 숫자가 유럽의 계산기술에 큰 혁명을 가져온 것은 새삼스럽게 말

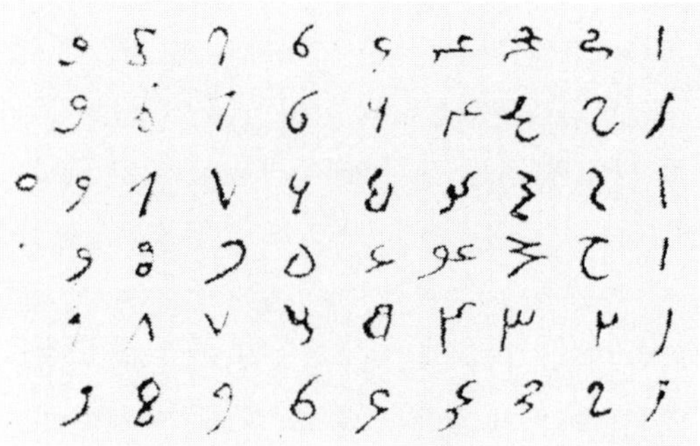

고바르 숫자의 여러 가지(오른쪽에서 왼쪽으로)

할 필요조차 없다. 이미 말한 것처럼 중국에도 8세기 전반 당대에 전해졌으나 곧 자취를 감추어 버려서 중국의 계산기술에 그 영향을 남기고 있지 않다. 이슬람 시대에는 아라비아 숫자는 고바르gobar 숫자라고 불리고 있었다. 고바르는 모래나 먼지를 뜻하는 말로서, 아라비아인들이 모래를 넣은 얕은 상자에 이 숫자를 써서 계산한 데서 생긴 이름이다. 14세기 말에 명대에 전해진 이슬람력을 토반역법(土盤曆法)이라고 부르고 있는데, 이것은 아마도 아라비아 숫자로 씌어진 천문서였다고 생각된다.

이슬람과 유럽에서의 자석의 사용

이슬람 세계가 중국의 과학기술을 받아들여 그것을 서방에 전한 공적도 결코 잊을 수 없다. 종이가 이슬람 제국을 거쳐 유럽에 전해진 것은 이미 말한 바와 같다. 또 자석이 유럽에 전해진 것도 이슬람의 항해자들에 의해서였다. 1100년경부터 중국배에서 자석이 사용되었는데 당시에는 고기 모양을 한 나뭇조각에 자석을 붙여 그것을 물에 띄워서 방향을 아는 지남어(指南魚)가 많이 사용되었다. 이러한 자석은 당시 화남의 항구에 와 있던 이슬람 배에서 사용되고, 얼마 후 유럽의 뱃사공에게 알려진 것 같다. 유럽에서 자석의 지극성(指極性)을 기록한 문헌은 12세기 말 이전에는 없다. 1190년경 알렉산더 네캄Alexander Neckam(1157-1217)이 항해에 자석을 사용하고 있는 것을 주의한 것이 처음이어서 중국의 기록보다 100년 가량 뒤지고 있다. 또 1205년에 프랑스의 시인 기요 드 프로방Giyo de Proban이 쓴 시에 신부를 항해자가 관측하는 북극성에 비유해서 밀짚에 자침을 묶어 물에 띄우면 자침은 북극성의 방향을 가리킨다고 씌어 있다. 이러한 자침의 사용법은 중국에서는 일찍부터 쓰이고 있었다. 유럽에서의 자석의 사용은 중국에서 배운 것이 틀림없을 것이다. 그런데 유감스럽게도 이슬람 문헌에 자석의 사용을 쓴 것은 모두 유럽보다 뒤지고 있다. 1232년에 무하마드 알 아우피 Muhammad al-Awfi가 페르시아어로 쓴 책 중에 고기 모양의 자석을 써서 뱃사공이 방향을 안다는 것이 씌어 있다. 이것은 분명히 중국의 지남어이다. 이슬람 문헌의 연구가 충분하지 못한 현재 상황에서는 자석의 서전(西傳)의 문제도 문헌적으로는 완전히 해결되었다고 할 수 없을지도 모른다. 그러나 유럽에서의 자석의 지극성에 대한 지식이 중국보다 뒤떨어져 있고, 또 최초의 자석은 물에 띄웠다는 사실로 보아 중국에서 이슬람으로, 그리고 그 다음에 유럽의 배에 사용된 사실은 부정할 수 없을 것이다.

물에 띄우는 자석을 중국에서는 수침반(水鍼盤)이라고 부르고 이에 대하여 피벗으로 받치는 것을 한침반(旱鍼盤)이라고 불렀다. 이것은 지금 우리가 흔히 쓰고 있는 것이다. 이러한 한침반도 12세기 중엽에 씌어진 『사림광기(事林廣記)』에 보이고 있지만 그 후에 사용되고 있지는 않다. 아마도 장치의 방법이 불충분해서 사용상에 불편이 많았을 것이다. 그런데 수침반을 받아들인 유럽에서는 그 장치를 개량하여 지금 쓰이고 있는 나침반을 만들었다. 그것이 다시 중국에 알려진 것은 16세기 초 유럽 배가 중국에 오게 되면서부터였다.

화약의 서방에의 전파

중국의 대발명 중에서 제지술이나 자석의 사용이 이슬람 여러 나라에서 유럽에 알려진 것같이 화약도 중국에서 처음으로 알려져 이슬람을 통해서 유럽에 전해졌다고 생각해도 좋을 것이다. 화약의 문제에 대해서는 유럽인 학자들 사이에 유럽인 자신의 발명이라는 설이 있다. 그러나 그러한 설에는 아직 의심스러운 점이 많다. 초기의 화약은 황, 초석, 숯의 세 가지를 섞은 흑색 화약이지만 초석을 뺀 연소성의 것을 전쟁에 쓰는 것은 서방에서도 그리스의 불이란 이름으로 기원전의 시대부터 알려져 있었다. 그러나 초석을 섞음으로써 비로소 화약은 위력을 더하게 된다. 이 초석을 처음으로 알아낸 것이 중국인이라는 것은 이미 말했다. 또 몽고가 유럽에 침입했을 때 사용한 간단한 화기(火器)가 유럽에서의 화포(火砲)의 기원이 되었다는 것을 덧붙여 두겠다.

이슬람 사람들은 반대로 또 많은 것을 중국에 전하고 있다. 당대 이후 중국과 이슬람 제국과의 접촉이 시작됨에 따라 오랜 시대에 걸쳐 이슬람 문명의 영향은 계속되었다. 다음에 이슬람과 가장 깊은 관계가 있었던 원(元)대를 중심으로 그 영향을 말하겠다.

2 원대의 이슬람 문명

몽고와 이슬람

13세기 초 칭기즈 칸이 이끈 유목민족인 몽고인은 중앙아시아에 침입하여 이슬람 제국을 그 지배 아래 두었다. 얼마 후 칭기즈 칸의 자손들이 중국은 물론 중근동을 비롯하여 러시아까지도 지배하여 아시아와 유럽에 군림하는 대제국을 세울 수 있었다. 칭기즈 칸이 정복한 중앙아시아 지방에서는 항복을 거부한 여러 도시가 무참히 파괴되고 거의 모든 백성들이 살해되었다. 지금도 아프가니스탄에 남아 있는 고르고라 Gorgora 성터는 그러한 역사의 자취를 보여주는 것의 하나라고 전해지고 있다. 칭기즈 칸은 살육은 마음대로 했지만 기술자는 포로로서 몽고 땅에 끌고왔다고 한다. 13세기가 되자 동방 이슬람 제국의 문명은 이미 쇠퇴해 가고는 있었지만, 오랫동안의 축적은 역시 상당한 것이어서 중국의 문명에 대항할 만한 것을 가지고 있었다. 그가 사마르칸드에

머물렀던 1220경, 칭기즈 칸의 측근인 야율초재(耶律楚材)는 서역의 역법이 중국의 것보다 우수하다는 것을 알고 마답파력(麻答把曆)을 만들었다 한다. 야율초재는 원래 원 왕조의 일족으로 나중에 몽고에서 벼슬을 한 유명한 학자이며 정치가이다. 마답파력은 이슬람계 천문서에 의거한 것이라고 단정해도 좋을 것이다.

이슬람 천문학

천문학은 이슬람 과학 중에서 가장 번영했던 학문의 하나였다. 칭기즈 칸의 손자인 훌라구Hulagu가 페르시아 땅을 정복해서 일한국을 세웠는데 당시 이슬람 제국에서 가장 위대한 페르시아인 천문학자 나시르 알 딘Nassir al-Din(1201－1274)이 훌라구의 신하로 있었다. 몽고에서는 일찍부터 전쟁 전에 점성술로 전과를 점치는 일이 행해지고 있었는데 훌라구에 의한 바그다드 공략에 나시르 알 딘의 점이 적중하여 큰 전과를 올렸다고 한다. 일한국의 수도인 타브리즈에 가까운 마라가Marāgheh에 나시르 알딘이 장대한 천문대를 만들기 시작한 것은 1259년의 일로서 훌라구의 아

마라가 천문대 자리(이 언덕 위에 있었다)

들 아바가Abaga의 시대에 완성되었다. 이 천문대에는 많은 천문 기계가 설치되어 열심히 관측이 행해져서 그 결과로 1271년에 유명한 일한표(表)라는 천문계산표가 편찬되었다. 당시의 마라가는 이슬람 천문학의 일대 중심으로서 서쪽에서는 스페인, 동쪽에서는 중국에서 천문학자가 찾아들어 연구하고 있었다. 또 중국의 역법과 그 계산법 등도 연구되고, 특히 계산법의 일부는 이슬람 수학에 영향을 미쳤다. 시대는 조금 내려가지만, 역시 몽고의 피를 이어받은 티무르Timur의 손자 울루그 베그Ulugh Beg가 15세기에 사마르칸드에 세운 천문대도 역시 이슬람 천문학의 흐름을 이은 것이다. 이 천문대는 울루그 베그가 죽은 뒤 황폐하였는데 20세기에 들어와서 소련의 우즈베키스탄 공화국의 학자들에 의하여 발굴되어 거대한 관측기의 일부가 복원되었다.

양양을 공략한 이슬람 기술자

화북 땅을 점령하고 있던 금을 멸망시킨 몽고는 세조 쿠빌라이의 시대에 국호를 원(元)이라 고치고, 그 지원(至元) 16년(1279)에 송을 멸망시켜 중국에 군림하게 되었다. 한족 이외의 민족이 중국 전토를 통일한 것은 이것이 처음이었다. 원의 지배하에서 한족은 심한 차별대우를 받았다. 몽고인이 지배층으로서 우대된 것은 물론이지만 이슬람 교도를 중심으로 한 서역인은 색목인(色目人)이라고 불려 몽고인에 버금가는 지위가 주어졌다. 한족은 두 종류로 나누어져 금의 지배하에 있던 자들은 한인이라고 불려 원의 관리가 될 수 있었으나, 송의 치하에서 끝까지 몽고에 저항한 자들은 남인이라 해서 거의 관리로 채용되지 않았다. 몽고인들은 만즈(蠻子)라 하여 남인을 업신여겼다. 중국에 와서 살던 색목인이 우대된 것은 그들이 몽고족을 위해서 처음부터 충성을 다했기 때문이다. 송을 공략하는 데 여러 해가 걸렸고, 때때로

심한 싸움이 벌어졌었다. 그 전쟁의 하나가 양양(襄陽)의 공략전이었다. 양양은 호북성에 있는 요충으로 그곳을 함락하면 한수(漢水)에서 양자강을 내려가 단번에 강남지대를 공격할 수 있었다. 공략전은 1268년부터 시작되었는데 그곳을 사수하는 송군을 앞에 두고 쉽게 성이 함락되지 않았다. 여기서 세조는 페르시아를 지배하고 있던 일한국의 아바가에게 의뢰하여 이슬람의 포술가로 유명한 알라와딘(阿老瓦丁)과 이스마인(亦思馬因) 두 사람을 불러 준비를 하고 나서 1272년부터 다시 공격을 시작하였다. 몽고의 지휘관은 위구르인이었고, 그의 명령을 받은 이스마인은 성의 동남쪽에 포를 늘어 놓고 성을 공격하였다. 이 포는 회회포(回回砲) 또는 양양포(襄陽砲)로 알려져 있는데, 지금의 대포와는 달리 거대한 투석기(投石機) 같은 것이어서 화약을 사용한 것은 아니다. 그러나 150근(약 90kg)이나 되는 거대한 돌이 투사(投射)되어 천지를 뒤흔드는 큰 소리를 내며 2m 이상이나 땅속으로 박혀들어갔다고 한다. 성을 지키던 송군 대장은 여기에 겁을 집어먹고 항복하였다. 양양의 공략은 전후 6년이나 걸렸는데 이슬람의 포술가가 큰 공적을 올린 것이다.

이슬람의 수리기술자

『하방통의(河防通議)』라는 수리(水利)기술서를 편찬한 한 이슬람 학자에 대하여 이야기하겠다. 이 책은 14세기 초에 씌어진 것으로 북방 하천의 치수(治水) 기술을 중심으로 서술한 것으로, 공사에 쓰는 도구는 물론 인사관리의 면에도 이르는 특수한 수리기술서이다. 원래 북송시대의 책을 바탕으로 한 것이어서 내용 자체에는 서방의 영향이 적다. 편찬자인 샤고시(沙克什)는 원래 대식인(大食人), 즉 아랍 사람으로 할아버지 때부터 중국에서 살아와서 치수에 밝은 인물이다. 이렇게 오래도록 중국에서 정주한

색목인 기술자도 적지 않았다.

이슬람 천문학의 영향

다시 이슬람 천문학의 영향을 이야기하겠다. 원 왕조에 초빙된 가장 유명한 이슬람 천문학자는 지원 4년(1267)에 세조 쿠빌라이에게 만년력(萬年曆)을 바친 자말 알 딘 Jamal al-Din(札馬魯丁)이다. 자말 알 딘은 전에 마라가 천문대에 있던 천문학자라고 생각된다. 쿠빌라이는 이슬람 천문학의 우수성을 인정하고 지원 8년에는 회회사천대(回回司天臺, 이슬람 천문학자를 중심으로 하는 국립천문대)를 설립하여 자말 알 딘을 장관으로 임명했다. 그곳에는 이슬람 천문기계가 많이 설치되어, 자말 알 딘을 중심으로 한 많은 이슬람 천문학자들이 열심히 관측에 임하였다. 서역에서 전해진 것은 그리스의 천문학자 프톨레마이오스의 『알마게스트』가 있고 수학책으로 유클리드의 기하학책 등이 있었다. 모두 페르시아어로 씌어져 있었는데, 그것은 중국에 왔던 이슬람 과학자가 주로 페르시아인이었다는 것을 말해주는 것이라고 생각된다.

28	4	3	31	35	10
36	18	21	24	11	1
7	23	12	17	22	30
8	13	26	19	16	29
5	20	15	14	25	32
27	33	34	6	2	9

원대에 전해진 이슬람의 방진도(方陣圖, 서안(西安)에서 출토된 철판)

현존하는 간의(簡儀)

그러나 세조 쿠빌라이의 시대가 되면서부터 황제를 비롯해서 몽고인들 사이에도 중국의 전통적 학문이 많이 침투하게 되었다. 원이 남송을 멸망시키고 중국의 통일을 완성했을 때에 채용한 역법은 이슬람의 것이 아니고 중국의 전통에 뿌리박은 수시력(授時曆)이 공용력으로 채용되었다. 이것은 한족 천문학자 곽수경(郭守敬) 등에 의하여 만들어진 것으로 이슬람 천문학의 영향은 전혀 찾아볼 수 없다. 다만 이 수시력을 만들 때 동지나 하지의 일시를 관측하여 1년의 길이를 정확하게 결정했는데, 이 관측을 위해서 설립된 천문대는 분명히 이슬람의 영향하에서 만들어졌다. 또 곽수경은 많은 천문기계를 만들었는데 간의(簡儀)와 그 밖의 두세 가지 기계는 역시 서역의 것을 모방한 것이었다.

회회사천대는 어느 정도 규모의 축소는 있었지만 명대에 들어와서도 그대로 활동을 계속하였다. 계속 이슬람 천문학자가 연구에 종사하고 이슬람 천문서의 한역도 하였는데, 그 중 두 개는 지금도 남아 있다. 이슬람 천문학은 그리스 천문학을 이어받은 것이어서 중국류의 역계산법과는 근본적으로 달랐다. 그러나 400

년에 걸쳐서 회회사천대가 설치되었음에도 불구하고 사실상 이 천문대의 학자와 한인 천문학자의 교류는 거의 없었다. 명대가 되자 중국의 전통적 천문학에 의한 예보가 적중하지 않았기 때문에 이슬람 천문학의 계산을 부분적으로 받아들였지만, 서로 일을 분담하였으므로 밀접한 협력은 없었고 그 때문에 중국의 전통이 바뀌는 일은 없었다.

의료 · 약물 부문

이러한 사정은 의료면에서도 나타나고 있었다. 원시대에는 수도인 북경을 비롯하여 적어도 세 곳에 이슬람식 의원이 있었다. 1270년에 설치된 광혜사(廣惠司)라는 관청에서는 황제를 위하여 이슬람계 약제를 만들고, 또 북경에 살고 있던 이슬람 사람들의 치료를 맡았다. 이러한 이슬람계 의료를 받는 사람은 주로 몽고인과 색목인이었고 한족은 거의 관계가 없었던 것 같다. 또 이슬람계의 많은 약물, 향신료나 음식물이 전해진 것은 현존하는 문헌에 의해서 알 수 있다. 사리별(舍利別), 즉 시럽 syrup이 약용음료로서 사마르칸드의 의사의 손을 거쳐 1268년에 그 제법이 전해졌다. 광동에서는 관영 과수원이 경영되어 레몬 시럽이 만들어졌고 그것이 북경에 보내지고 있었다. 명대에 필사된 『회회약법(回回藥法)』이라는 책의 일부가 남아 있는데, 아마도 원대에 전해진 이슬람계 약물서를 번역한 것이라고 생각된다. 그러나 이러한 시럽도 차(茶)를 애호하는 중국인들 사이에서는 별로 유행하지 않은 것 같다. 세계 제국을 건설하여 이슬람 문명에 깊은 존경을 나타냈던 원의 황제들은 의료나 약물 외에 이슬람의 요리를 즐겼다. 지금 나와 있는 『음선정요(飮膳正要)』는 원조(元朝)를 섬긴 이슬람의 요리장에 의해서 씌어진 것으로 여러 가지 색다른 재료로 만들어진 요리의 이름을 찾아볼 수 있다.

알코올과 아라키주

알코올이라는 말은 아랍어에서 나온 것인데 원래의 뜻은 눈꺼풀에 바르는 가루로 된 화장품이다. 이것을 지금과 같은 뜻으로 쓰게 된 것은 16세기 전반의 의화학자 파라켈수스 Paracelsus(1493-1541) 무렵부터였다. 이 학자는 취리히에서 의사의 아들로 태어나 본명은 호헨하임 Hohenheim이라고 하는데 로마의 명의인 켈수스 Celsus(약 A.D. 30)를 능가하는 인물이라 해서 파라켈수스라는 이름을 썼다. 꽤 학식을 뽐내는 인물이었기 때문인지 잘 알지도 못하는 아랍어를 잘못 쓴 것 같다. 이슬람의 연금술사들은 여러 가지 화학적 조작에 숙달되어 있었는데 증류에 의해서 농도가 짙은 알코올을 만드는 방법을 대략 10세기 무렵부터 알고 있었다. 중국의 술은 원래 일본 술과 같은 양조주여서 고대에는 증류주는 알려져 있지 않았다. 그것이 언제부터 시작되었는지는 확실치 않다. 명의 이시진(李時珍)의 『본초강목(本草綱目)』에는 원의 시대에 이슬람에서 전해졌다고 씌어 있어 이것이 통설이 되고 있다. 그러나 증류의 기술 자체는 훨씬 이전으로 거슬러 올라간다. 위에서 말한 『음선정요』에는 증류주를 가리켜 아라길(阿剌吉, a-ra-ki)주라고 부르고 있는데, 이것은 아랍어의 아락의 음역이다. 몽고에서는 소나 말의 젖으로 술을 만드는데, 그것을 증류한 것을 아락이라고 부르고 있어 역시 같은 어원에서 나온 말이다. 중국에서 지금도 애용되고 있는 소주(燒酒)에 배갈(白乾酒)이 있고 이것은 고량(高粱, 수수)으로 만드는 증류주인데 시노다 오사무(篠田統) 박사의 설에 의하면 이 제법도 원대에 서쪽에서 전해진 것이다.

에도 시대에는 증류기를 람비키(alembic)라고 불렀다. 이것은 네덜란드어를 딴 것이지만 역시 아랍어에 기원을 둔 말이다.

3 해상교통로

중국과 서방을 잇는 교통로

서역과 중국을 맺는 실크로드는 한대는 물론 그 이전부터 열려 있었다. 물론 이 루트에는 사막과 산맥이 가로 놓여 있었다. 여행은 결코 안전한 것은 아니었다. 더욱이 유목민족이 할거하여 중국의 세력이 약화되자 이 길은 막혀버리고 말았다. 그러나 고대에는 중국에서 서방 여러 나라에 도달하는 가장 좋은 교통로였다. 1세기 무렵에 씌어진 유명한 『에리트라 해 안내기 *The Periplus of the Erythraean Sea*』에는 이집트에서 인도에 이르는 항구의 모습과 거기서 수출입되는 산물에 대하여 언급하고, 또 중국에서 〈양모와 실과 직물을 바리가자 Barygaza와 박트리아를 거쳐서 육로로 실어 날랐다〉라고 씌어 있다. 바리가자는 인도 서북부의 땅으로 박트리아, 즉 아프가니스탄 북부를 거쳐 중국에서 비단이 인도로 운반되고 있었다. 『안내기』에는 인도에서 중국으로 가는 해상교통에 대해서는 언급되어 있지 않지만 2세기에는 대진국에서 안돈(安敦)의 사자가 해로로 중국에 왔었다는 것이 중국측 문헌에 나타나 있다. 안돈은 로마 황제 마르쿠스 아우렐리우스 안토니우스 Marcus Aurelius Antonius(121-180)라고 믿어지고 있는데, 인도양을 거쳐 멀리 중국에 달하는 해상교통은 점점 활발해졌다. 상인으로서 우수한 재능을 가진 인도인, 그리고 아랍 상인들이 여러 가지 산물을 가지고 중국으로 오게 되었다.

열려가는 해상교통로

이미 말한 것처럼 당대에는 서역 여러 나라와의 교섭이 한층 활발해졌다. 남방의 해상교통로에 의하여 동남아시아와의 무역은 물론, 인도 및 그보다 더 서방의 아랍의 활약이 특출했다. 아랍 여러 민족은 대식인(大食人)이라고 불렸는데, 아랍인뿐 아니라 페르시아인의 활동이 활발했다. 8세기 초에서 15세기 말에 걸쳐서 세계 무역에서 활약한 것은 이 아랍인들이었다. 당대에 있어 화남의 항구로는 교주(交州) 광동(廣東), 천주(泉州), 화중의 양주(揚州) 등이 있었는데, 거기에는 시박사(市舶使)라는 관리가 있어서 무역 사무는 물론 외국 상인의 보호와 외국 배의 감독을 맡고 있었다. 특히 광동에는 외국 상선의 출입이 많아 9세기 말에 황소(黃巢)의 난(황소를 지도자로 하여 875년부터 10년 이상 중국 전역을 휩쓴 반란. 당의 몰락을 가져왔다)에 의하여 일시적으로 쇠퇴하지만, 거기에는 이미 10만을 헤아리는 외국인이 머물고 있었다고 한다. 이러한 무역항의 번영은 그 이후에도 계승되었다. 해상교통으로 운반되는 물건은 향신료, 약물, 주옥(珠玉), 상아 등의 값비싼 사치품 또는 그와 유사한 것이었고 중국으로부터는 금, 은, 구리, 비단, 악기 등이었다. 중국에서도 남해무역에 종사하는 배가 나갔다. 당대에는 이미 600-700명을 태우는 큰 배가 쓰이고 있었다. 당대의 문헌에 의하면 외국의 무역선은 남해박(南海舶), 번박(番舶), 파사박(波斯舶), 곤륜박(崑崙舶), 파라문박(波羅門舶), 사자국박(師子國舶) 등으로 불렸는데 그 중 남해박, 번박 등은 일반적 명칭이지만 파사박 이하는 대체로 내조했던 나라 또는 지방의 이름으로 딴 명칭이었다. 파사 Persia를 말레이 반도의 지명으로 보는 설이 있는데, 보통은 페르시아를 가리킨다. 인도의 상인이나 그보다 더 서쪽에 있는 페르시아에서도 많이 왔다. 페르시아나 스리랑카의 배에서는 전서(傳書) 비둘기를 길러 고향과의 통신에 쓰고 있었다고 한다. 이 배들로 운반되는 것은 반드시 본국의 산물에 한하지는 않았다. 그들은 중계무역으로 많은 이익을 얻었다. 당대의 『서양잡조(西陽雜俎)』에 안식향(安息香)이나 용뇌유(龍腦油) 등 동남아시아의 산물이 페르시아

산으로 되어 있는 것은 이것들이 파사박에 의하여 운반되었기 때문에 해외의 사정에 어두운 중국인들이 잘못 적은 것이라고 생각된다.

8세기의 지리학자 가탐(賈耽)이 쓴 바에 의하면 중국에서 배로 페르시아 만까지 가는데 90일이 걸린다고 하였다. 그러나 이것은 순풍을 타고 항해했을 경우이고 정박일수는 제외된 것으로 생각된다. 보통 무역선이 광동을 출발하여 페르시아 만의 호르무즈 Hormuz에 도착하는 데는 1년을 필요로 했고, 따라서 왕복에는 2년이 걸렸다. 남중국해에서는 겨울철에 동북풍이 불고 여름철에는 서남풍이 우세했다. 광동에서 출범하는 경우는 동북풍이 부는 겨울이 택해지고, 반대로 남해에서 광동에 입항하는 경우에는 여름을 기다리지 않으면 안 되었다. 인도양에 들어서면, 거기서도 계절풍이 불어서 때로는 오랫동안 출항을 기다릴 필요가 생기게 된다. 항해에 여러 날이 걸리는 것도 당연한 일이다.

송대가 되면 외국 무역에 의한 이익에 눈을 떠서 정부 스스로가 적극적으로 무역을 장려하였다. 특히 강남 땅에 수도를 옮긴 남송에서는 중국 배의 활동은 한층 활발해졌다. 12세기 말에 씌어진 『영외대답(嶺外代答)』에 의하면 대식(大食)으로 향한 중국 배는 인도 남단까지 가서, 거기서부터는 작은 배에 화물을 옮겨 싣고 페르시아 만으로 들어가고 있다. 페르시아 만에서는 큰 배의 운항이 곤란했던 것 같다. 마찬가지로 대식의 상인은 작은 배로 페르시아 만을 연안에 따라 항해하여 퀼론Quilon에서 중국의 큰 배를 바꿔타는 일이 많았다. 그러나 이슬람의 지리학자 알 마수디 Al-Mas'udi가 10세기 중엽에 쓴 책에 의하면 중국의 큰 배는 400-500명을 태우고 해적에 대비하여 무기를 싣고 먼 페르시아 만으로 진출하고 있었다고 한다.

명의 정화에 의한 대항해

원대에는 페르시아 땅이 몽고의 지배지였다. 그래서 선박의 왕래도 한층 활발했던 것은 말할 나위조차 없다. 끝으로 명대에 있었던 정화(鄭和)에 의한 대항해에 대하여 이야기하겠다. 원을 멸망시키고 한족의 왕조인 명이 성립했는데(1368) 명은 원과 같은 개방적인 국가가 아니라 오히려 쇄국정책이 취해졌다. 그러나 북경에 수도를 옮긴 성조(成祖) 영락제(永樂帝)의 시대에 웅대한 해외원정이 행해졌다. 원정의 이유는 확실하지 않지만, 해외에 명의 강대한 힘을 과시하여 조공이라는 형식으로 여러 나라 사람들이 중국으로 오게 하는 것이 그 하나의 목적이었다. 그때까지도 중국에서는 여러 외국을 대등한 나라로 인정하지 않고, 따라서 대등한 형식으로 물자를 매매하는 무역이라는 것은 적어도 표면상으로는 없었다. 중국에의 공물로서 물자가 운반되고 그 대신에 중

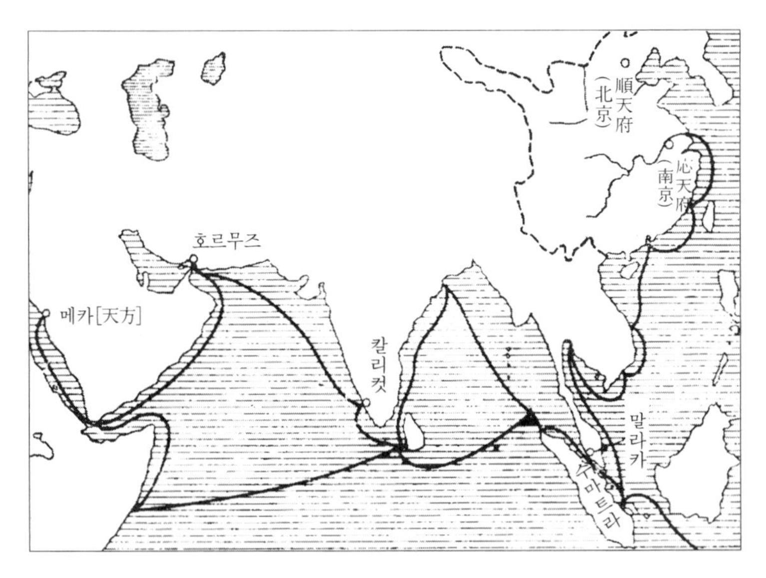

명의 경역(境域)과 정화의 항해

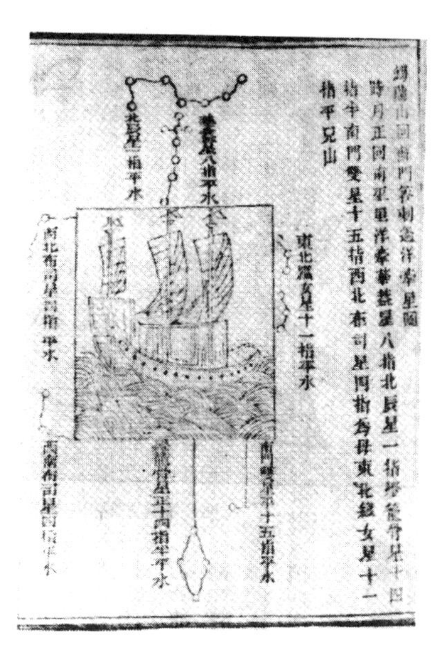

『정화항해도』 중의 보물선

국산 물건을 준다는 것이었다. 영락제 시대에 행해진 해외 원정은 이슬람 교도인 환관(宦官) 정화를 사령관으로 하여 선덕제(宣德帝)의 시대까지 전후 7회에 걸쳐 행해졌다. 매회마다 2만 명을 넘는 인원을 태우고 대선단을 휘몰아 남해의 거친 파도를 헤치며 나갔다. 이 배는 보물선이라는 좋은 이름이 붙여졌다. 남경 가까이에 조선소가 있어 거기서 출범하였다. 1405년에 원정을 시작하여 거의 30년 동안 인도는 물론 페르시아 만의 호르무즈, 또 일부 선단은 아라비아 반도에서 아프리카 서해안까지 갔다. 제7회의 원정에서는 천방국(天方國), 즉 이슬람의 성지 메카를 찾아가고 있다. 그 대원정에 대해서는 수행한 사람들에 의하여 『영애승람(瀛涯勝覽)』, 『성사승람 (星槎勝覽) 』, 『서양번국지(西洋番國志)』 등의 책이 씌어졌으며 가는 곳마다의 색다른 인종, 풍습, 산

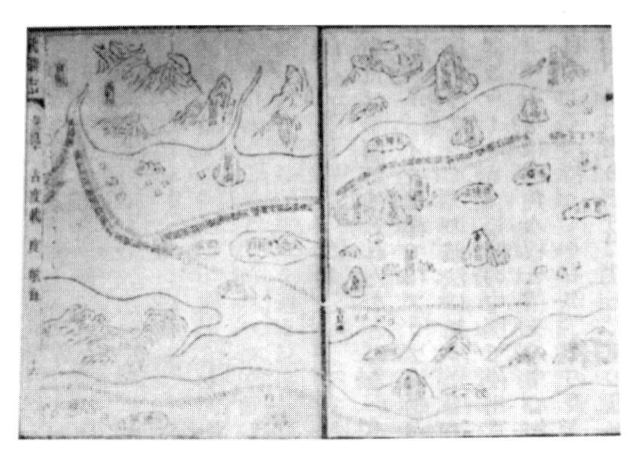

『정화항해도』의 일부(말라카 부근)

물 등이 자세히 소개되어 있다. 이 밖에 『정화항해도(鄭和航海圖)』라는 것이 전해지고 있다. 이것은 중국을 출발하여 페르시아만 방면에 이르는 해로도(海路圖)라 할 수 있는 것이지만, 동시에 당시의 항해법을 알 수 있다. 중국을 출발해서 말라카 Malacca 해협 근처까지는 나침반을 써서 항로를 잡고, 연안의 산 같은 것을 표적으로 해서 항해하는 것이다. 예를 들면, 말라카 근처에 〈만라가개선, 용진손침, 오경, 선평사전산(滿剌加開船, 用辰巽針, 五更, 船平射箭山)〉이라고 기입되어 있다. 이것은 말라카에서 진손침(辰巽針)의 방향으로 5경 사이에 전진하면 사전산(射箭山)의 전방에 온다는 뜻이다. 중국의 나침반은 24방위로 나뉘어 진손침이라는 것은 침이 남동보다 조금 남쪽으로 기운 방향을 가리킨다는 뜻이다. 이 기록은 그 방향으로 보아서 말라카에서 중국으로 돌아갈 때의 항법을 쓴 것이리라 생각된다. 또 시간을 나타내는 5경은 뱃사공들 사이에는 특별한 의미가 있어서 하루를 10경으로 나누므로, 따라서 5경은 반일에 해당되었다. 그런데 당시 범선의 속도는 아랍 배의 경우, 하루에 대략 180km였다. 정화의 항해에서는 중국리로 480리가 하루의 행정으로 되어 있다. 지금 중국의 1리를 580m라고 하면, 하루의 행정은 280km 가량 되어 아랍 배보다 꽤 빠르다. 그러나 해상에서는 육상의 1리와는 다른 값이었는지도 모른다.

인도양에서의 천문항법

수마트라의 북쪽 끝을 나서면 인도양을 가로질러 스리랑카 방면으로 직행한다. 이때는 벌써 목표가 되는 섬이나 산은 눈에 띄지 않는다. 자석에 의해서도 정확한 방위를 알 수 없어서 천체를 관측하여 방위를 아는 천문항법이 사용되고 있었다. 낮에는 태양을 관측했지만 밤에는 별에 의지하였다.

『정화항해도』에 각기 그 지점에서 표준이 되는 별의 고도가 기입되어 있는데, 별자리 이름에는 중국 본래의 것뿐 아니라 아랍어에 바탕을 둔 것도 보인다. 그리고 각도를 나타내는 데에 지

카마르에 의한 천체 관측

(指)라는 단위가 쓰이고 있는데, 계산 결과로는 1지는 대략 3도 반이다. 이러한 단위는 중국에서는 쓰인 일이 없었는데 아랍에서 말하는 이스바라는 단위가 이것과 꼭 들어맞는다. 인도양에서는 아랍의 배가 많이 활약하고 있었으므로 이 바다에서의 항해에는 중국인도 아랍의 항법에 따랐었다고 보아도 좋겠다. 더욱이 별의 고도를 관측하는 아랍식 관측기인 카마르kamar도 당시의 중국에서 사용되고 있었다.

카마르는 4각의 판과 그 중심에서 나온 실로 된 간단한 측량기구이다. 끈의 한쪽을 눈 가까이에 가져오는데, 그 길이를 가감하여 판의 하단이 수평선 방향과 일치하고 그 상단이 목적하는 별에 가게 한다. 이때 별의 고도는 끈의 길이로 측정된다. 끈에는 적당한 곳에 매듭이 있어서 직접 끈의 길이를 재지 않아도 판에서 몇 번째의 매듭인가에 따라서 곧 별의 고도를 알 수 있다. 항해 중에 목적한 장소에 와 있는가를 알기 위해서 낮에는 태양의 고도를 측정하고 밤에는 별을 관측하였다.

동양·서양이라는 명칭

동양과 서양이라는 의미는 처음에는 지금과 아주 다른 뜻으로 쓰이고 있었다. 원말에 씌어진 『도이지략(島夷志略)』에 의하면, 동양이란 필리핀과 자바 등을 포함하는 지역이고, 서양은 인도의 주변을 가리킨다. 무역항으로 번창한 복건성의 천주(泉州)와 수마트라의 파렘방Parembang을 잇는 선이 동서를 나누고 있던 것이다. 그러나 명대의 만력(萬曆) 연간에 씌어진 『동서양고(東西洋考)』에서는 아주 다른 구분이 지어지고 있다. 이 무렵이 되면 광동이 무역항으로 번영하고 광동을 통하는 경도선이 거의 동서양을 나누는 경계선이 되어 있었다고 보인다. 따라서 원말에 동양 여러 나라의 하나였던 자바가 명말에는 서양 여러 나라에 포함되어 있다. 또 『동서양고』에서는 동양과는 달리 소동양(小東洋)의 이름이 보이고 있는데, 이것은 대만의 팽호도(澎湖島) 근처를 가리키고 있다. 다음 장에서 말하겠지만 명말에 중국에 왔던 그리스도교 선교사인 마테오 리치 Matteo Ricci(利馬竇, 1552-1610)는 세계도(世界圖)를 그렸는데, 그는 거기서 포르투갈의 서쪽 대양을 대서양이라고 하였다. 또 그 지도에서는 인도의 서쪽을 서양이라 부르고 또 일본의 동쪽 바다를 소동양이라 하고 있다. 마테오 리치는 스스로를 대서양인이라고 부르고 있다. 동서양에 관한 그 후의 변천을 더듬어보면, 1730년에 씌어진 『해국견문록(海國見聞錄)』에서는 유럽을 대서양, 인도를 소서양, 소동양은 〈소〉자를 빼고 동양이라 하고 있다. 그래서 종래의 동양, 서양 대신에 동남양(東南洋), 남양(南洋)이라는 말이 쓰이고 동남양은 대만, 필리핀, 보르네오 등을 가리키고 남양에는 인도차이나, 자바, 수마트라 등이 포함되었다. 이때가 되면서 일본은 동양이란 이름으로 불렸다. 전에 중국인은 일본인을 동양귀(東洋鬼)라고 욕한 일이 있었는데 이 말의 기원은 오래지 않다. 유럽을 서양이라 하고 거기에 대하여 아시아를 동양이라 부르는 것은 메이지 이후의 일본 학자로부터 시작되었다.

제6장

유럽 문명과의 접촉

1 유럽인의 아시아 진출

유럽인의 중국 진출

1세기경 『에리트라 해 안내기』가 씌어진 시대부터 로마인은 이집트를 거쳐 홍해 Red Sea를 빠져서 인도에 이르는 항로를 개척하였다. 그 후 유럽과 인도, 그리고 동방의 나라들과의 교섭은 깊어지고 있었는데, 중국의 경우는 실크로드로 통하는 육상교통로는 있었지만 해상으로 오는 유럽인은 아주 드물게 있을 뿐이었다. 그러나 원대에는 꽤 많은 유럽인이 해로를 따라서 중국으로 왔다. 예를 들면, 13세기 말에 중국에 온 몬테 코르비노는 중국해를 건너 시리아의 알레포 Aleppo에서 육로를 통해서 페르시아의 호르무즈에 닿고, 거기서 배를 타고 인도를 경유하여 중국에 도착했다. 유럽이 아시아에서 구한 것은 후추와 그 밖의 향신료였다. 십자군의 근거지가 된 이탈리아의 항구도시에서는 상공업이 발달하여 모험을 좋아하는 뱃사람들을 모아서 인도나 동남아시아에 보냈다. 그러나 도중의 아라비아나 소아시아에는 이교도인 이슬람 사람들이 살고 있어서 육로 여행은 쉽지 않았다. 그 때문에 새로운 항로를 개척하여 직접 아시아로 가려는 움직임이 활발해졌다. 먼저 서쪽으로 도는 항로를 따라서 인도에 도달하려 했던 이탈리아 사람 콜럼버스 Christopher Columbus(1446-1506)는 마침내 15세기 말에 아메리카의 한 모퉁이에 도달했다. 이 항해에 중국에서 발견된 자침이 크게 소용되었다는 것은 말할 나위 없을 것이다. 콜럼버스를 자극하여 미지의 세계로의 탐험에 나서게 한 것은 마르코 폴로의 여행기였다는 설이 있다. 그러나 이 여행기의 주역자인 율 Yule은 콜럼버스가 마르코 폴로에 대해서 언급하고 있지 않는 점을 들어 이 설을 부정하고 있다. 그에 의하면 당시 이탈리아의 피렌체에 살고 있던 토스카넬리 Toscanelli가 마르코 폴로의 여행기 등에 의하여 아시아의 동쪽에 향료나 보석이 풍부한 나라가 있다는 것, 또 학문이 뛰어나고 국력이 풍부한 중국으로 가는 지름길이 서쪽으로 도는 항해에 의해서 얻어진다는 것을 콜럼버스에게 써 보내 이것이 콜럼버스를 자극했다고 한다.

한편 콜럼버스의 성공 이전부터 아프리카의 서해안을 따라 인도에의 항로를 개척하는 시도가 신흥 포르투갈을 중심으로 행해지고 있었다. 이 시도는 포르투갈의 국력을 배경으로 하여 바스코 다 가마 Vasco da Gama(약 1469-1524)에 의하여 마침내 성공하게 된다. 1497년 초여름에 포르투갈을 출범한 그는 아프리카의 서안을 남하하여 희망봉 Cape of Good Hope을 돌아 다음해 초에 동해안의 모잠비크 Mozambique에 닿았다. 그리고 더 북상하여 4월에 몸바사 Mombasa에 닿았는데 그 지방에 세력을 펴고 있던 아랍인의 방해를 받아 더 북쪽의 말린디 Malindi로 피하였다. 그 땅의 토후는 바스코 다 가마에게 호의를 가지고 인도양을 건너기 위한 아랍인 안내인을 제공해 주었다. 이 아랍인은 아마드 이븐 마지드 Amad ibn Majid라는 이름으로 알려져 있다. 말린디의 토후는 인도의 향신료를 비싸게 사서 시세를 떨어뜨리지 않도록 강력히 요청했다고 한다. 모든 준비가 끝난 포르투갈 배는 1498년 4월하순에 남서풍을 타고 말린디를 출범하여 후추의 수출항으로 유명한 인도 남단의 칼리컷 Calicut에 닿은 것은 그로부터 거의 한 달이 지난 5월 20일의 일이었다. 여기서 처음으로 아시아로의 항로가 열린 것이다.

명말의 은(銀)경제와 산업

바스코 다 가마가 인도로 가는 항로를 발견한 지 얼마 안 되어 포르투갈은 인도의 고아 Goa를 점령하여 그곳을 근거지로 더 동방에 진출하게 되었다. 16세기 초에 포르투갈 배는 남중국해에 출몰하게 되었는데, 16세기 중엽에는 마카오를 점거하여 그곳을 근거지로 해서 일본에도 진출하게 되었다. 유럽인이 국가 권력을 배경으로 하여 대량으로 중국에 밀어닥치게 되는 단서가 열린 것이다.

포르투갈이 마카오를 점거한 16세기 중엽은 명의 가정(嘉靖) 연간(1522–1566)에 해당하는데, 명 왕조는 점점 내리막에 접어들고 있었다. 이른바 왜구의 침해가 가장 격심했던 시대여서 화중에서 화남에 걸쳐서 해적이 끊임없이 출몰하여 연안을 황폐하게 했다. 포르투갈이 마카오를 점거한 것도 해적 토벌에 힘을 써 주고 그 대가로 마카오에 거류권(居留權)을 획득한 데서 시작되는 것이다. 이러한 왜구의 침략은 만력(萬曆, 1573–1619)시대에도 계속되지만 만력시대에는 두 번에 걸친 도요토미 히데요시(豊臣秀吉)의 조선 침략이 있어서 명은 조선에 출병하여 많은 국비(國費)를 소비하였다. 더욱이 만주에 일어난 여진족(뒤의 淸)의 세력이 점점 강해져서 그에 대항하는 조처도 소홀히 할 수 없게 되었다. 더구나 조정 내부에서는 환관이 정치를 좌우하여 그것을 배격하는 청의(淸議)*의 선비와의 사이에 당쟁이 거듭되었다.

이렇게 왕조 자체는 점점 해체의 방향으로 향했지만 사회 전체의 경제활동은 오히려 활발해지고 있던 시대였다. 강남을 중심으로 산업이 발달했는데, 그것을 자극한 것은 통화로서의 은(銀)의 유통이다. 16세기가 되자 조세나 그 밖의 상납금은 모두 은으로 바치게 되었고 서민들 사이의 매매에도 은이 쓰였다. 그 때문에 환금작물이 생겨나고 목면(木棉)의 재배나 양잠(養蠶)이 활발히 행해졌다. 농촌에서도 가내공업으로 직물을 짰지만 도시에서는 더욱 활발히 대규모의 직물업이나 염색업이 발달하여 제품을 생산했다. 은의 수요는 늘어났지만 당시 중국에서는 은갱(銀坑)을 다 파버려 외국으로부터의 수입에 의존하지 않으면 안 되었다. 포르투갈인은 중국의 산물을 가지고 일본에 가서 돌아올 때는 많은 은을 중국에 실어왔다. 마카오의 거리는 일본의 은으로 만들어졌다고 할 만큼 한때는 일본의 은이 대량으로 실려왔다. 포르투갈보다 뒤늦게 아메리카 대륙을 점령한 스페인이 필리핀을 거쳐 중국에 진출하게 되면서 멕시코산 은이 중국 경제에 큰 영향을 주게 되었다.

훌륭한 과학기술서의 출판

16세기의 중국은 처음으로 세계 무역 속에 휘말려 들어갔다고 해도 좋을 것이다. 이렇게 해서 생겨난 사회경제의 변동 속에서 훌륭한 과학기술서가 씌어졌다. 상공업자에게 필요한 수학을 소개한 정대위(程大位)의 『산법통종(算法統宗)』은 만력 연간에 출판되어 민중의 많은 수요에 응하여 명말에 여러 판을 거듭했다. 일본의 에도 시대 초에 수학서로서 유행한 요시다 미쓰요시(吉田光由)의 『진겁기(塵劫記)』는 『산법통종』을 모범으로 해서 씌어진 것

* 깨끗한 의논(議論)이란 뜻. 후한(後漢) 중기 이후 유학자들 사이에서 일어난 부패한 정치에 대한 비판의 의논. 청담(淸談)의 원류를 이루었다. (옮긴이)

이다. 당시는 주판이 많이 쓰였으므로 『산법통종』의 첫머리에는 주판에 의한 계산법이 자세히 설명되어 있다. 또 같은 만력 연간에 이시진(李時珍)이 『본초강목(本草綱目)』을 썼다. 이것도 명말에 판을 거듭하여 일본에 전해져서 큰 영향을 끼쳤다. 조금 뒤늦게 숭정(崇禎) 10년(1637)에는 유명한 『천공개물(天工開物)』이 송응성(宋應星)에 의하여 씌어졌다. 이 책은 18권으로 나뉘어 당시 산업의 여러 부문을 다루고 있다. 이미 유럽 문명이 영

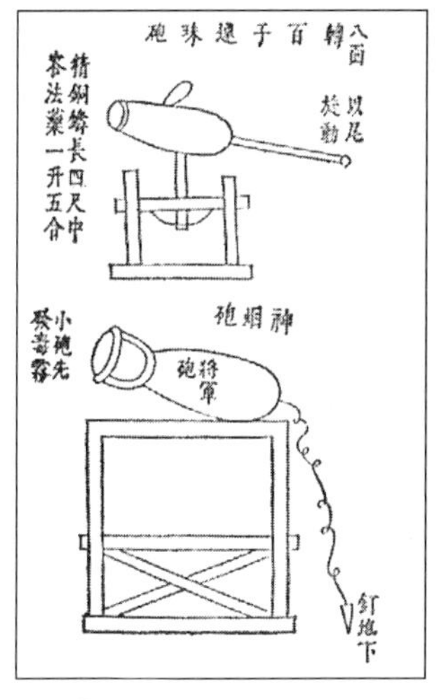

『천공개물』의 화포 그림

향을 미치고 있던 때였지만 거의 모두 중국의 전통산업이고, 다만 한 가지 병기 부문에는 유럽에서 전해진 화포의 기록이 있다. 그러나 전체로서는 예부터 중국에 있었던 전통적인 산업기술이 풍부한 그림으로 설명되어 있다. 이것을 보면 얼마나 많은 기술이 중국에서 과거의 일본에 전해졌는가를 알 수 있다. 일본에 관계된 기사로 흥미있는 것은 일본에서 수출한 구리를 다시 제련하여 은을 추출하고 있는 것이다. 이 기술은 나중에 일본에서도 남만취(南蠻吹)라는 이름으로 쓰여 스미토모(住友) 집안이 그것으로 재산을 모은 것은 유명하다. 또 아연을 왜연(倭鉛)이라고 쓰고 있다. 광석에서 아연을 제련하는 기술은 어렵고 불조절을 잘못하면 폭발하여 아연이 맹렬히 비산(飛散)한다. 그 맹렬함이 왜구(倭寇)와 비슷하다는 데서 왜연이라는 이름이 붙어졌다고 설명되고 있다. 『천공개물』은, 이를테면 중국기술의 백과전서라고도 할 수 있는 것으로 같은 시대의 유럽에도 이런 기술서는 존재하지 않았

다고 할 수 있다. 이 밖에 조원(造園) 기술을 쓴 『원야(園冶)』라는 책이나, 과학적인 여행기로서 알려진 『서하객유기(西霞客游記)』 등이 씌어졌다. 명대의 훌륭한 과학기술서는 거의 명말에 나왔는데 이 사실은 당시의 사회가 크게 변동하여 경제 활동이 활발해졌다는 것과 떼어서 생각할 수 없을 것이다.

군인, 관료 학자가 한 일

위에서 든 몇 가지 저술은 주로 민간인의 손에 의하여 이루어진 것이다. 그러나 중국에서는 관료가 천문학이나 의학, 또 궁정에 필요한 기술이나 토목사업, 군사기술 등을 관리하고 있었다. 궁정에서 사용하는 도자기 등도 강서(江西)의 경덕진(景德鎭)을 중심으로 많이 구워져 중국으로부터의 수출품으로서 외화를 벌어들였다. 또 군사기술도 크게 발전하여 몇 권의 훌륭한 책이 씌어졌다. 왜구의 토벌에 큰 공을 세운 척계광(戚繼光)은 『기효신서(紀效新書)』를 저술하고 조금 뒤늦게 모원의(茅元儀)는 『무비지(武備志)』를 썼다. 특히 화포의 주조와 사용이 활발히 행해지게 되었다. 그러나 중국의 정치사상에서 보아 매우 중요한 역학(曆學)의 연구는 명대에 들어와서 쇠퇴하였다. 명대에는 유학마저도 그 활기를 잃었지만, 같은 현상이 역학에서도 일어난 것이다. 명대는 많은 점에서 원의 유산을 이어받았으나 역법도 그 하나로 명 일대(一代)에 사용된 대통력(大統曆)은 원의 수시력(授時曆)을 거의 그대로 이어받은 것으로 거기에 이슬람 천문학자에 의한 계산을 참고로 하였다. 그러나 시대가 흐름에 따라서 일식 계산의 예보가 관측과 일치하지 않게 되었기 때문에 명말이 되면서 관료들 사이에서는 개력(改曆)의 논의가 일어나게 되었다. 그러나 국립천문대의 관리들은 모두 평범하고 용렬해서 새로운 역법을 만들 능력이 없었다. 더욱이 명대의 학자는 보수적이어서 태조 홍

무제(洪武帝)가 채용했다는 이유로 대통력을 개정하려 하지 않았다. 그때에 포르투갈 배로 건너온 예수회 선교사들은 먼저 천문학 지식에 의해서 유럽의 우위를 중국인에게 나타내는 데 성공하여 만력제(萬曆帝)의 신임을 받게 되었다. 그리고 명말의 대관(大官)인 서광계(徐光啓) 등에 의한 개력의 준비사업이 행해져서 대대적으로 유럽 과학을 수입하는 좋은 계기가 되었다. 이것은 에도 시대에 8대장군 요시무네(吉宗)가 개력의 필요 때문에 양서의 금지를 풀어서 일본에 난학(蘭學)*이 일어나는 계기가 되었던 것과 비슷하다. 사회는 서서히 변화하고 있었지만 봉건사회의 지배층은 스스로의 체제를 유지하기 위하여 예전의 정치사상은 버리지 않으려고 하였다. 민중의 생활에서 볼 때에는 역법의 문제는 벌써 그다지 중요성을 갖지 못했다. 그러나 지배층에게 있어서는 전통에의 집착이야말로 자기들의 지위를 지키는 수단이었다.

2 예수회 선교사의 활약

예수회 선교사의 도래

16세기 전반에 로마 교황을 중심으로 하는 가톨릭 교단의 부패에 대항하여 종교개혁의 폭풍이 휘몰아쳐 마침내 프로테스탄트가 탄생하였다. 물론 가톨릭 교단 자체 안에서도 신교의 성립에 자극되어 새로운 개혁이 일어나게 되었다. 스페인의 귀족 이그나티우스 데 로욜라 Ignatius de Loyola(1491-1556)가 파리에서 예수회를 설립한 것도 그러한 움직임이 나타난 것이어서 로욜라를 도운 사람은 1549년에 일본에 왔던 프란시스코 사비에르 Fransisco

* 일본에서 네덜란드어로 서양의 학술을 연구하려는 학문. (옮긴이)

Xavier(1506-1552)였다. 사비에르는 얼마 후 일본을 떠나서 인도의 고아로 돌아가 다시 중국으로 선교를 위해 떠났지만, 중국 대륙에 들어가지 못하고 광동 남쪽에 있는 상천도(上川島)에서 죽었다. 그의 뒤를 이어서 건너온 예수회 선교사는 얼마 후 중국 대륙에의 잠입에 성공했는데 그 중에 마테오 리치가 있었다. 이 이탈리아 출신의 예수회 선교사는 예수회가 세운 로마 학원에서 배웠다. 거기에는 독일 태생의 그라비우스 Grabius라는 선생이 있었다. 그는 16세기의 유클리드라고 불릴 정도로 수학이나 천문학에서 학자로서 뛰어났고 현재 쓰이고 있는 태양력(太陽曆)을 만들었다. 또 태양중심설을 제창하여 로마 교황청에서 박해를 받은 갈릴레오의 좋은 이해자이기도 했다. 이 학자에게 수학과 천문학을 충분히 배운 것이 중국에서 크게 소용되었다.

마테오 리치의 성공의 원인

마테오 리치가 선교사로서 처음으로 북경에 들어가 황제로부터 거주 허가와 그리스도교 포교의 자유를 얻은 것은 만력 28년 말, 양력으로는 1601년 초였다. 그가 성공한 데는 여러 가지 원인이 있었다. 첫째로 그는 중국에 도착하자 중국어를 배워 중국의 학문에 대한 소양을 몸에 익혀 중국의 풍습을 잘 알았다는 것이다. 불교와 달리 그리스도교는 매우 배타적인 종교여서 그리스도교 이외의 종교는 모두 이단이라고 배척하였다. 중국에서는 유교에 바탕을 둔 조상숭배가 행해지고 있었는데 이것을 종교로 인정할 것인가는 그리스도교에 있어서 큰 문제였다. 마테오 리치를 비롯한 예수회 사람들은 조상숭배를 단순한 의례(儀禮)로서 불문에 붙일 방침을 취했으나 이것은 나중에 큰 문제가 되었다. 예수회보다 뒤에 들어온 프란시스코파 Franciscan나 도미니크파 Dominican의 선교사들은 예수회에 대한 시기심도 곁들여 조상숭

마테오 리치의 초상

배를 이단으로서 금지하는 방침을 취해서 예수회를 공격하고, 또 청조(淸朝)가 되고 나서는 로마 교황청의 힘을 빌어 청조의 황제와 대립하게 되었다. 이것이 유명한 전례(典禮)문제이다. 이러한 마찰을 예수회 선교사들은 피하였다. 중국인의 습속을 존중하는 것이 마테오 리치의 방침이었다. 성공의 둘째 원인은 수학, 천문학, 지리학 등의 지식에 의하여 많은 중국 지식인을 자기편으로 만든 것이다. 처음에 마테오 리치는 중국인이 독자적인 방법으로 일식 등의 예보를 하고 있는 데 감탄하였다. 그런데 얼마 후에 예보가 적중하지 않는다는 것을 알고 유럽의 방법으로 정확한 날짜와 시간을 알려서 중국인에게 깊은 존경을 받았다. 일본에 왔던 사비에르도 그의 편지에서 일본인이 특별히 천문·기상 현상의 설명을 듣고 싶어한다고 쓰고 있는데, 마테오 리치는 같은 것을 중국에서 경험했다. 중국의 천문학에서는 역 계산은 일단 되어 있었으나, 천체나 기상 현상을 설명하는 이론에서는 매우 유치해서 마테오 리치는 차츰 그 주변에 숭배자를 모았다. 그 중에서 북경에의 여행을 도운 지방관도 나왔다. 천문학과 함께 마테오 리치의 명성을 높인 것은 『곤여만국전도(坤輿萬國全圖)』라는 세계 지도를 간행한 일이다. 대지가 둥글다는 것, 세계에는 중국 외에 유럽, 아프리카, 아메리카 등의 지역이 있다는 것을 중국인은 확실히 알게 된 것이다. 이 지도는 일본에도 수입되어 에도 시대 지리학에 큰 영향을 주었다. 이러한 과학상의 지식뿐만 아니라, 마테오 리치는 유럽의 진귀한 물건을 가지고 왔다. 그 중에서도 자명종(自鳴鐘)이라 불린 시계는 중국의 고관을 기쁘게 하였다. 그는 황제에게도 시계를 바쳤는데 그것이 북경에 살 수 있는 허가를 얻은 하나의 원인이 된 것도 같다. 성공의 셋째 원인은 선교에 필요한 경비를 포르투갈 배의 수익에서 얻은 것이다. 가톨릭교 나라인 포르투갈과 스페인에서는 그리스도교의 선교를 국가의 방침으로 삼고 있었다. 따라서 포교에 필요한 경비나 토산물은 모두 상선을 통해서 현지 조달이 가능했다. 마테오 리치 등은 북경을 비롯하여 중요한 도시에 훌륭한 교회를 세워 선교 활동에 종사할 수 있었다.

유럽 과학서의 한역

마테오 리치 등에 의하여 그리스도교도가 된 중국인 중에는 명말에 유럽 과학의 수입에 정력을 기울인 몇 사람의 고관이 있었다. 세례명을 바오로Paul라고 한 서광계는 상해 태생의 진보적인 인물이며, 나중에는 예부상서(禮部尙書)라는 장관급의 고관까지 되었다. 그는 유럽 과학에 심취하여 유클리드의 기하학책을 『기하원본(幾何原本)』이란 이름으로 한역 출판하였다. 유클리드의 책은 모두 15권이었는데 마테오 리치의 도움으로 완성된 것은 처음의 6권이고 나머지는 19세기에 들어와서 한역되었다. 마테오 리치 등의 선교사와 서광계 등의 중국인 학자의 협력으로 그 밖에

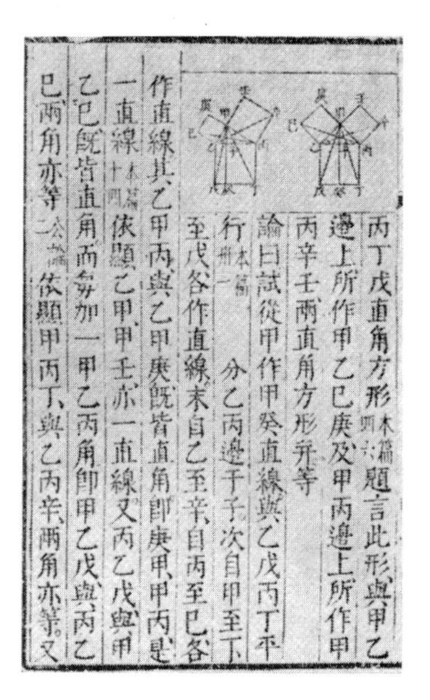

『기하원본』, 피타고라스 정리의 증명

도 여러 가지 과학서의 한역이 있었는데, 그 대부분은 역시 그리스도교도가 된 고관 이지조(李之藻)에 의해 『천학초함(天學初函)』이라는 책으로 종합되어 만력 말년에 간행되었다. 이 『천학초함』은 이편(理篇)과 기편(器篇)으로 나뉘어 이편은 주로 그리스도교에 관한 것이지만 그 중에는 세계지리를 소개한 『직방외기(職方外紀)』가 포함되어 있다. 그리고 부록으로서 예전에 당대에 전해졌던 그리스도교의 일파인 네스토리우스교(경교)를 찬양한 〈경교류행 중국비(景敎流行 中國碑)〉가 장안에서 발견된 것에 대하여 소개되어 있다. 다음에 자연과학서의 한역을 포함한 기편은 『기하원본』 등의 수학책 3부, 『천문략(天問略)』 등의 천문서 4부, 『측량법의(測量法義)』 등의 측량서 2부, 또 유럽의 수리(水利)기술을 소개한 『태서수법(泰西水法)』 등 모두 10부의 책으로 이루어져 있다. 『태서수법』은 중국 이름을 웅삼발(熊三拔)이라고 한 사바틴 데 우르시스Sabbathin de Ursis(1575-1620)가 번역했다. 웅삼발은 천문학상의 업적도 남기고 있다. 중국 이름 양마낙(陽瑪諾)으로 알려진 에마누엘 디아스Emmanuel Diaz(1574-1659)의 『천문략』에는 갈릴레이에 의한 망원경의 관측 결과를 소개하고 토성의 그림을 싣고 있다. 시계와 함께 망원경도 명말에 전해진 것이다. 또 『천학초함』보다 조금 늦게 왕징(王徵)의 이름으로 편역된 『기기도설(奇器圖說)』이라는 책은 유럽의 각종 기계를 소개한 점에서 『태서수법』과 함께 주목된다.

다방면에 걸친 유럽 과학

천문학의 지식이 중국인의 마음을 끌어 그리스도교 선교에 쓸모있다는 것을 알게 된 마테오 리치는 유럽의 과학을 잘 아는 선교사의 파견을 로마에 있는 예수회 본부에 요청하였다. 원래 예수회 선교사들 중에는 그리스도교의 교리는 물론 일반 학문에 깊은 관심을 갖는 학문승이 많았다. 예를 들면, 독일 태생의 예수회 선교사 테렌츠J. Terrenz(鄧玉函, 1576-1630)는 생물학에 조예가 깊었고 전에 갈릴레이와 함께 이탈리아의 린체이 아카데미Accademia dei Lincei의 회원까지 되었을 정도의 학자였다. 마테오 리치의 시대는 물론, 그 이후에 온 예수회 선교사들은 중국에 유럽 학문을 전하는 중심이 되었다. 명말에 소개된 유럽 과학은 천문학, 수학, 측량술 등에 국한되지 않았다. 마테오 리치 자신도 기억술에 관한 저술을 하여 뇌가 정신작용의 중추라는 것을 썼다. 중국의 전통 의학에서는 심장에 정신이 머문다는 것을 믿어왔던 것이다.

또 인체의 해부·생리에 관한 의서나 유럽의 일반적 기술을 소개한 책도 한역되었다. 논리학을 다룬 『명리탐(名理探)』과 같은

북경의 북당(北堂)

책도 편역되었다.

17세기 초엽에 중국에서 선교했던 니콜라스 트리고 Nicolas Trigault(金尼閣)는 한때 유럽에 돌아가서 중국에서의 선교에 대하여 설명하고 나서, 돌아오는 길에 7,000부에 달하는 유럽 서적을 가지고 왔다. 중국인 학자들 사이에서는 천문학이나 수학과 같은 과학 분야뿐만 아니라 이 많은 책들에서 인문·사회 관계의 것도 한역할 계획이 세워졌으나 이것은 끝내 실행되지 못했다. 이 책들과 그 밖의 많은 선교사들이 가지고 온 서적들은 의화단(義和團) 사건으로 피해를 입었지만 지금도 꽤 많이 남아 있다. 북경에는 지금도 동당(東堂), 남당(南堂), 서당(西堂), 북당(北堂)의 네 교회가 남아 있는데 필자가 전에 북경을 방문했을 때에는 그 중의 하나인 북당에 그 책들이 수장(收藏)되어 있었다. 지금은 북경 도서관에 옮겨졌다고 듣고 있다. 북당에 수장된 유럽 서적의 목록은 몇 년 전에 출판되었는데 매우 귀중한 것이 포함되어 있다.

3 『숭정역서』의 편집과 개력

개력 사업과 『숭정역서』의 편집

유럽의 과학은 꽤 다방면에 걸쳐서 번역되었다. 그러나 명말에 있었던 가장 큰 번역사업은 유럽 천문학의 백과사전이라고 할 만한 『숭정역서(崇禎曆書)』의 편집이었다. 이 사업의 중심이 된 사람은 마테오 리치의 좋은 친구이며 그리스도교도가 된 서광계이다. 그는 실무적인 정치가였다. 그가 명 왕조의 고관이 된 무렵은 왕조의 명맥이 거의 다해가고 있었다. 내부의 혼란은 물론 북방에서 청의 압력은 날이 갈수록 강해지고 있었다. 당시 마카오에서 포르투갈의 병사를 부르기도 하고 그리스도교 선교사에게 대포를 주조시키기도 했는데 이러한 계획에 그는 중요한 역할을 하였다. 또 북경에서의 식량은 강남에서의 조운(漕運)에 의존하고 있었는데, 북방에서의 식량 자급을 위해서 서광계는 천진(天津)에 농장을 건설하여 여러 가지 농작물을 재배하였다. 그가 『농정전서(農政全書)』를 간행한 것도 그러한 의도가 나타난 것이며, 그 책에는 『태서수법』이 수록되었다. 유럽 과학에 깊이 심취한 서광계였지만 역시 중국의 전통적인 정치사상에서 아주 벗어날 수는 없었다. 역법이 국가의 대전(大典)이라는 것, 따라서 국가의 위급존망(危急存亡)의 시기에 있어서 올바른 역법을 제정할 필요가 있다는 것이 그의 강한 신념이었다. 더욱이 명의 대통력은 틀린 곳이 많고 그것을 정정하는 데는 유럽의 천문학에 의지

서광계의 초상

할 수밖에 없었다. 서광계가 개력의 준비사업으로서 유럽 천문학서의 번역을 시작한 것은 명의 종말이 가까운 숭정(崇禎, 1628-1644) 초년이어서 많은 선교사들의 협력을 얻어 일이 추진되었다. 그 4년 정월에 첫번째 번역이 끝나고 나서 꼭 4년 뒤에 130권 이상의 천문서가 완성되었다. 여기서 처음으로 유럽 천문학이 체계적으로 중국에 소개된 것이다.

아담 샬 폰 벨의 노력

번역 사업의 중심이 된 선교사에는 독일 태생의 아담 샬 폰 벨 Johann Adam Schall von Bell(湯若望, 1591-1666)이 있었다. 이 사람은 명말 천문학의 제1인자이며 서광계의 신뢰를 받은 인물이었다. 그러나 이 번역 사업의 완성도 결코 쉬운 일이 아니었다. 보수적인 중국인 관료들로부터 공격의 불길이 올랐다. 뛰어난 정치력을 가진 서광계는 어떻든 그것을 가라앉힐 수 있었다. 숭정 6년에 서광계가 죽자 사정은 많이 달라졌다. 후계자인 이천경(李

아담 샬 폰 벨의 초상

天經)도 역시 그리스도교도 고관이었으나 우유부단한 인물이어서 아담 샬 폰 벨 등은 보수파의 공격을 받아 여러 번 시달렸다. 이천경은 보수파의 요구를 받아들여 간신히 제5회의 번역을 끝낼 수 있었다.

서양 천문학을 받아들이는 태도

서광계가 이 번역 사업을 시작했을 때 그 목적은 어디까지나 올바른 역법을 만드는 것이었다. 유럽의 천문학을 역법이라는 중국천문학의 패턴 속에 부어넣으려는 것이 서광계가 자주 주장하고 있던 바였다. 또 서광계는 당대에는 인도의 역법(九執曆)이 사용되고 원·명대에는 이슬람의 회회력(回回曆)이 사용된 것을 들어 서양 천문학에 바탕을 둔 역법의 채용도 결코 이례적인 것은 아니라고 주장하였다. 이러한 의견이 보수파의 공격을 완화시키는 역할을 하였다고 생각된다. 선교사들도 중국에 새로운 과학을 심는 것이 목적이 아니고 번역 사업에 협력하는 것을 선교의 수단으로 생각하고 있었다. 그들이 중국에 소개한 것은 지구중심설을 중심으로 한 천문계산법이었지 새로운 천문학설은 아니었다. 16세기 중엽에 코페르니쿠스의 태양중심설이 제창되어 선교사들 중에는 갈릴레이나 케플러 Johannes Kepler(1571-1630)와 교류를 한 사람도 있었다. 코페르니쿠스와 같은 폴란드 태생의 한 선교사는 강남 지방에 포교하여 코페르니쿠스설을 소개한 일도 있었다. 그러나 태양중심설이 로마 교황청에서 여러 가지로 문제가 된 시기여서 선교사들이 태양중심설의 소개에 적극적이 않았던 것은 당연하지만, 그들이 태양중심설의 가치를 충분히 확인하고 있지 않았으며 대부분의 선교사가 별로 관심을 갖지 않았던 것도 사실이다.

서양법에 의한 청조의 개력

숭정제(崇禎帝)의 말로는 비참했다. 반란군에게 쫓기어 마침내 자살하고 여기서 명 왕조는 사실상 망하고 말았다(1644). 이 해부터 청의 순치제(順治帝)의 치세가 시작된다. 서광계가 계획했던 개력은 명대에는 끝내 실현을 보지 못했으나 청조에 이르러 그 치세 첫해에 개력이 결정되고 다음해부터 신력이 사용되었다. 명이 멸망할 때 몇 사람의 선교사는 명 왕조와 함께 운명을 같이 했으나 아담 샬 폰 벨을 비롯하여 국립천문대에 속했던 선교사들은 그대로 청조에 계승되었다. 원대의 이슬람 천문학자가 명에 계승된 것과 꼭 같았다. 아담 샬 폰 벨 등은 『숭정역서』를 개편하여 100권으로 된 『서양신법역서(西洋新法曆書)』라 하고 이것을 바탕으로 정부에서 발행되는 달력에는 〈의서양신법(依西洋新法)〉이라는 다섯 자가 인쇄되고 있었다. 전통을 존중하는 중국에서 보통 상태에서 이 다섯 자를 인쇄한다는 것은 도저히 있을 수 없

페르비스트의 초상

는 일이다. 때마침 전란의 세상이었고, 또 청조가 이민족의 왕조였기 때문에 그럴 수 있었을 것이다. 그러나 청조의 기초가 굳어지고 동시에 한족의 전통이 부활하게 되면서 당연히 이러한 문자는 달력의 표면에서 사라져갔다.

아담 샬 폰 벨 등은 사실상 국립천문대를 주재하였다. 아담 샬 폰 벨의 후계자인 벨기에 태생의 페르비스트 Verbiest(南懷仁, 1623-1688)는 국립천문대장인 흠천감정(欽天監正)의 자리에 앉았다. 그 후 아편전쟁이 시작되기 직전까지 예수회를 중심으로 하는 선교사가 국립천문대를 운영하였다. 명말 이후, 즉 17세기 이후는 적어도 천문학 면에서 중국이 뒤떨어짐을 청조의 지배자들은 잘 알고 있었다고 할 수 있을 것이다. 그러나 새 달력에 대한 보수파 관료들의 반대는 강희(康熙)시대에 들어서 심해져서 그 초년에는 롤백에 성공했다. 그 반대는 단순히 서양신법의 정지에서 그치지 않고 그리스도교 포교의 금지에까지 발전해 갔다. 아담 샬 폰 벨을 비롯해서 많은 선교사들은 북경과 광동으로 내쫓겼다. 아담 샬 폰 벨은 끝내 북경에서 옥사했다. 그러나 보수파의 무능이 들어나면서 몇 해 못가 페르비스트는 천문대장으로 다시 임명되고 역법의 편집과 천문관측에 종사하게 되었다. 페르비스트와 그의 동료들이 만든 청동제 천문기계가 지금도 북경에 남아 있다.

프랑스 선교사의 과학적 업적

강희제(재위 1662-1722)는 유럽 과학에 깊은 흥미를 나타낸 군주로서 선교사들 사이에서 유명하다. 프랑스의 루이 14세 Louis XIV(재위 1643-1715)의 시대는 강희제의 시대와 거의 겹치고 있다. 그때까지 중국 무역의 이익은 포르투갈이 독점하고 있었는데, 루이 14세는 콜베르 Jean Baptiste Colbert의 건의로 중국에의 진출을 생각하게 되었다. 그 무렵 페르비스트는 유럽에 학문승 파견을 요청하였다. 이에 답하여 훌륭한 과학적 교양을 가진 몇사람의 프랑스 선교사들이 강희 연대 중엽에 중국에 파견되어 왔다. 그 중에는 부베 Joachim Bouvet(白普)와 제르비용 Jean François Gerbillon(張誠) 등이 있어 강희제의 측근에서 유클리드 기하학을 가르쳤다. 도쿠가와 이에야스(德川家康)가 영국인 애덤스 Adams에게 기하학을 배웠다는 이야기가 있지만 강희제는 누구보다도 열심히 몇 번이고 거듭 기하학책을 읽었다. 이 사실은 부베가 쓴 『강희제전(康熙帝傳)』에 자세히 전해지고 있다. 또 강희제는 다른 선교사에게서 의학 강의를 받았는데 특히 해부학에 흥미를 가져 유럽의 해부서를 만주어로 번역시켰다. 이것이 지금도 남아 있는 만주어 『각체전록(各體全錄)』이다. 이 책은 덴마크의 의학자 바르톨린 E. Bartholin의 책을 중심으로 다른 해부서를 참조하고 있다. 해부서의 간행은 미풍양속에 해롭다는 황제의 의견으로 끝내 이 책은 사본 상태로 궁중에 비장되었다. 에도 시대에 난학의 발흥

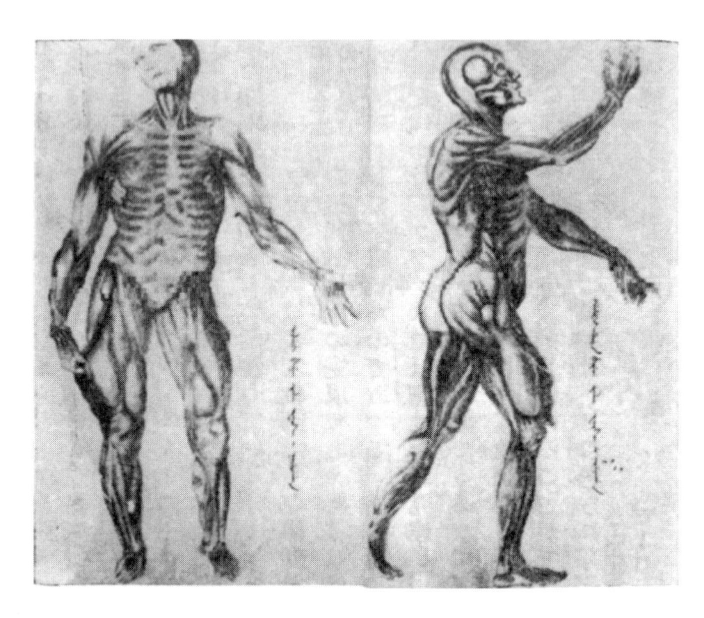

『각체전록』, 만역(滿譯) 해부서의 일부

이 스기다 겜바쿠(杉田玄白) 등에 의한 『해체신서(解體新書)』의 번역에서 시작된 것을 생각하면 같은 해부서가 번역되면서 아주 다른 길을 걸었다는 것이 주목된다. 둘을 비교해 보면 중국에서는 황제 중심의 일이었고, 일본에서는 민간학자의 일이었다. 또 외래문명의 수입에 있어서 중국에서는 외국인이 중심이었고, 일본에서처럼 자기 나라 국민의 요구에서 생긴 것이 아니었다. 예수회의 선교는 마테오 리치 시대로부터 먼저 황제를 비롯한 지배층에 파고들어 그것을 배경으로 일반 민중에 이른다는 것이었다. 그 때문에 선교 이외의 것이라 할지라도 지배층의 요구를 충실히 실행했다. 명말에 아담 샬 폰 벨 등은 왕실의 요청에 의하여 대포를 주조했는데, 그의 후계자인 페르비스트도 청조를 위해서 대포를 만들었다. 강희제시대에는 러시아의 국경문제로 네르친스크

Nerchinsk 조약이 체결되었는데 이때에는 프랑스에서 파견된 선교사들이 외교 고문으로 활약하고 있었다.

중국 전토의 측량

프랑스에서 파견된 선교사들의 업적으로서 특기할 것은 중국 전토의 측량과 정밀한 근대적 지도의 완성이었다. 이 일은 강희 말년에 시작되어 10년의 세월이 걸려 완성한 것이어서 그 사이에 겪은 고생은 대단히 컸다. 17세기에서 18세기에 걸쳐 프랑스에서는 측지학이 발달하여 이 학문은 프랑스의 과학이라고까지 불렸다. 중국에서의 측지는 루이 14세도 희망하는 것이었고 그래서 우수한 선교사들이 파견된 것이다. 중심적인 역할을 한 선교사들은 교통이 불편한 미지의 땅에 발을 들여놓았지만, 티베트와 같은 땅에는 선교사도 들어갈 수 없어서 측지학 교육을 받은 만주인이 측량하였다. 완성한 지도의 원고는 파리에 보내져 거기서 인쇄되었다. 이것이 유명한 『황여전람도(皇輿全覽圖)』이다.

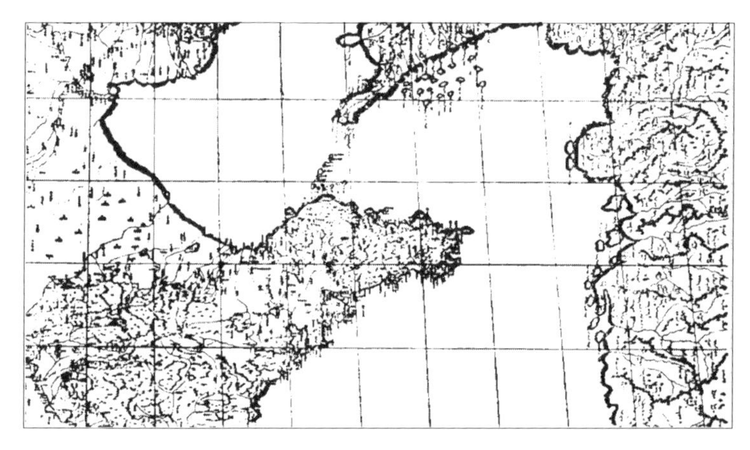

『황여전람도』의 일부(산동 부근)

유럽에서 중국문명의 영향

위에서 말한 전례(典禮) 문제가 강희제 만년에 끝내 악화되었다. 로마 교황청에서 특사가 파견되어 조상숭배를 금지하는 듯한 말을 강희제에게 하게 되었다. 그것이 강희제의 감정을 심하게 해친 것은 말할 것도 없었다. 다음 황제인 옹정제(雍正帝) 원년(1723)에는 마침내 그리스도교의 전면적 금지령이 내려졌다. 옹정제는 강희제만큼 개명한 군주가 아니었던 데다가 옹정제가 즉위하기 전 왕위 계승문제로 예수회 선교사의 한 사람이 책동한 것이 더욱 그리스도교 금지의 중요한 원인이 되었다. 그 후 조상숭배를 거부한 프란시스코파 등의 입국은 금지되고 천문학과 그 밖에 궁정에 필요한 일로 입국하는 사람만이 북경에 오는 것이 허가되었다. 선교사들과 일반 민중과의 접촉은 완전히 금지되었다. 18세기가 되면서 포르투갈에 대신하여 프랑스나 영국의 상인들이 광동에 오게 되어 새로운 국면이 점차 열리게 되지만 북경에의 영향은 간접적인 것에 불과했다.

유럽과의 교섭이 깊어지게 된 17, 18세기 무렵에 유럽 문명이 일방적으로 중국에 들어온 것은 아니었다. 중국의 전통문명이 활발하게 유럽에 전해졌다. 유럽 배는 중국에서 돌아가는 길에 도기, 직물, 각종의 진귀한 물건들을 싣고 갔다. 특히 루이 14세는 중국의 문명을 높이 평가하여 가져온 물건들을 궁전에 장식했다. 중국의 뛰어난 예술품은 유럽에 큰 영향을 주었다. 또 선교사들은 끊임없이 유럽에 편지를 보내서 중국의 모습을 소개했다. 중국의 고전을 번역하는 일도 계속했다. 이리하여 유럽의 사상과 학문에도 영향을 주었다. 예를 들면, 18세기의 철학자 라이프니츠 Gottfried Wilhelm Leibniz(1646-1716)는 2진법의 창안자로서 알려졌지만, 부베로부터의 편지에서 음양의 이원으로 구성되는 역의 괘에 대한 것을 알고 그것을 2진법의 입장에서 논하고 있다. 역

(易)의 괘를 만들었다는 복희(伏羲)를 위대한 인물로 높이 평가하고 있다. 루이 14세의 궁정을 중심으로 하여 중국 취미가 유행했던 한 시기가 있었던 것이다.

4 전통의 부활

건가(乾嘉)의 복고적 학문 연구

건륭(乾隆, 1736-95), 가경(嘉慶, 1795-1820)은 중국의 전통적 학문이 크게 부흥한 시대였다. 명대의 유학이 공소(空疎)한 학문이 되었던 것에 대하여 고증학을 중심으로 하는 고문헌의 과학적 연구가 유학에도 도입되어 오랜 평화가 가져온 일반사회의 번영과 함께 이른바 〈건가(乾嘉)〉의 화려한 시대가 나타난 것이다. 이리하여 한족의 전통에 뿌리를 내린 유학의 활발한 연구는 과학 분야에도 영향을 미치지 않을 수 없었다. 이미 청조 초기에 유럽의 천문학과 수학이 대량으로 소개된 것에 대하여 청조 제1의 역산(暦算)학자인 매문정(梅文鼎)은 유럽의 학문을 번역서를 통하여 연구함과 동시에 전통을 존중하는 입장에서 유럽의 학문을 비판했다. 유럽의 천문학이 중국 고대에 기원을 갖는다든가, 또 대수학이 금·원 무렵의 천원술(天元術)에서 생겨났다는 의론이 행해지게 되었다. 건륭시대에 들어와서 중국 고래의 전통을 존중하는 기운이 높아짐에 따라 중국인 학자의 과학 연구는 점차 고전 연구로 향했다. 이러한 운동에 지도적 역할을 한 인물이 고증학을 확립한 대진(戴震)이다. 그는 훌륭한 학자였음에도 불구하고 몇 번이나 과거에 합격하지 못했다. 건륭제가 전국에서 책을 모아 그것을 교정하여 몇 부의 사본을 만들어서 전국에 있는 몇 곳의 서고에 수장하는 일을 시작하여, 그 때문에 건륭 38년에 사고전서관(四庫全書館)이 개설되었다. 이때에 특명을 받고 북경에 불려온 대진은 명대에 편집된 『영락대전(永樂大典)』 중에서 고전 수학책을 여러 권 발견하였다. 그것이 계기가 되어 10종의 고전 수학책 『산경십서(算經十書)』가 간행되어 많은 연구자를 끌어당겼다. 건가 유학의 중심인 고증학은 고전에 나타나는 말 하나하나를 실증적으로 연구하여 고전의 충실한 해석을 과제로 하고 있었다. 고전에는 천문학, 수학 그 밖의 과학기술에 걸친 기술(記述)이 적지 않았지만 그러한 문제의 검토도 고증학의 대상이 되었다. 대진 자신도 고전 천문학적 기록을 검토하여 많은 논문을 쓰고 있고 또 『주례(周禮)』 고공기(考工記)의 연구를 하고 있다. 이것은 고대 중국의 기술서이다. 이리하여 전통적인 과학은 많은 훌륭한 학자들에 의하여 연구되어 새로운 자료가 많이 발견되었다. 금·원시대에 시작된 천원술에 관한 서적이 청조에 이르러 재발견된 것이다. 이러한 운동은 완원(阮元)이 가경 초년에 『주인전(疇人傳)』 46권을 편집했을 무렵에 그 정점에 달했다고 할 수 있을 것이다. 〈주인(疇人)〉의 〈주〉라는 말에는 몇 가지 해석이 있는데, 그 중 하나에 세습의 뜻이 있다. 고전에 나타난 전설의 시대에 천문학은 가업으로 계승하였다는 설화에 의해서 천문학자를 주인이라고 부른 것이다. 여기에는 그러한 전설시대에서 시작하여 완원시대까지의 천문학자, 수학자의 전기를 수록한 것으로, 일종의 과학사 문헌이라고 할 수 있다. 완원은 당시의 뛰어나 학자이며 또 고급관료이기도 했다. 막객(幕客)으로서 이예(李鋭) 등의 역산학자를 거느리고 그들에게 명하여 이 책을 편집시킨 것이다. 그 중에는 명·청 사이에 유럽 천문학을 전한 선교사들 및 그들의 한역서 중에서 인용된 유클리드, 히파르코스, 프톨레마이오스 등을 비롯하여 코페르니쿠스, 케플러 등의 전기도 싣고 있다. 그러나 편집의 입장은 중국의 전통적 과학자를 찬양하는 것이어서 『사기(史記)』 역서(曆書)에, 전에 〈주인의 자제가 분산했다〉는 기사를 포착하여 고대의 훌륭한 중국인 천문학자가 사방으로 분산하여 그들에 의하여 유럽 천문학이 시작되었다는 식으로 고대의 전통만이 훌륭한 것이라는 태도로 일관되어 있다.

건륭 이후의 유럽 과학

건륭시대에 들어서서도 궁정에 봉사하는 선교사는 꽤 많았다. 강희제처럼 신기한 것에 깊은 관심을 가졌던 건륭제는 그러한 선교사들에게 그런 대로의 대우를 했으나 강희제와 달리 측근에 가까이 둔 일은 없었다고 한다. 여전히 선교사는 국립천문대를 관리하고 역계산의 일은 그들에게 맡겨졌다. 또 화미(華美)를 즐긴 건륭제는 북경 교외에 원명원(圓明園)을 만들어 그곳에 유럽풍의 건물을 세우게 하였다. 또 이탈리아 태생의 화가인 카스틸리오네 Castilione(郎世寧)에게 명하여 서양화를 그리게 하였다. 선교사들은 황제에게 봉사하는 시종에 불과하여 이미 명말, 청초와 같은 활발한 유럽 과학의 수입은 찾아볼 수 없었다. 그렇다고는 하지만 한번 수입된 유럽의 과학기술은 오랫동안 많은 영향을 남겼다. 예를 들면, 시계의 제조가 있다. 이미 말한 바와 같이 마테오 리치 때로부터 황제를 비롯한 고관들 사이에서 시계는 진귀하게 여겨졌고 마침내 강희시대가 되면서는 중국인에 의해서도 제조되었다. 건륭시대에는 영국 상인의 세력이 강해져서 많은 시계가 영국에서 수입되어 건륭제의 궁정에는 4,000개에 이르는 시계가 놓였었다고 한다. 또 건륭제는 이탈리아에서 시계 기술자를 초빙하여 궁정에 공장을 만들었다. 황제에게 있어 시계는 실용품이라기보다는 오히려 공예품이었다. 여러 가지 세공이 가해져서 아름다운 공예품으로서의 시계가 궁정의 여기저기에 놓여졌다. 당시의 유품은 지금도 많이 남아 있어 일본의 네즈(根津) 미술관

건륭시대의 시계

에도 적지 않은 일품(逸品)이 전해지고 있다.

시계에 대한 애호는 물론 궁정에서만이 아니었다. 강희에서 건륭에 걸쳐 중국인 중에서는 훌륭한 시계사(時計師)가 생겨 일반 가정에서 시계가 유행되었다. 회중시계같이 정밀한 것은 아니지만 대형 시계는 꽤 많이 만들어졌다. 19세기 초에 광동에 있었던 영국 상인의 편지에 중국제 시계에 눌려서 영국 시계가 잘 팔리지 않는다는 말이 씌어 있다. 시계 외에 광학기계 등도 중국 기술자에 의해서 만들어졌으나 그 모양은 아직 확실히 알려져 있지 않다.

제7장

서양문명과의 충돌

1 과학기술의 뒤떨어짐

아편전쟁과 개국

중국에서 차를 마신 역사는 오래여서 이미 당대(唐代) 무렵에 일반민중들 사이에 보급되고 있었다. 그러나 아시아를 원산지로 하는 차는 오래도록 유럽인에게 알려지지 않았다. 유럽인이 중국에 진출함에 따라 괴혈병 예방에 차가 매우 유효하다는 사실이 알려져 뱃사람들 사이에서 유행되었다. 특히 영국에서는 차마시는 풍습이 시민들 사이에 퍼져서 중국에서 차의 수입이 증대하여 19세기 초에는 100년 전에 비하여 수입량이 수백 배가 되었다. 그 때문에 영국으로부터의 은의 유출이 늘어나서 영국 정부를 대신하여 무역업무를 행하고 있던 동인도회사 East India Company는 재정적 위기를 맞이하게 되었다. 이 위기를 벗어나기 위해서 취한 방법이 중국에 인도산 아편을 수출하는 일이었다. 아편의 원료인 양귀비꽃은 이미 당대 무렵부터 중국에 있었는데 관상용에 불과해서 아편을 피우는 습관은 나중 일이었다. 그러나 건륭 30년(1765)에 씌어진 『본초강목습유(本草綱目拾遺)』에 아편 흡음(吸飮)에 대한 내용이 기록되어 있다. 영국에서부터의 아편의 수출은 급격히 늘어나서 19세기의 30년대가 되자 중국에의 은의 수입은 멎고, 거꾸로 중국으로부터 은이 유출하는 상태가 되었다. 아편의 수입을 금지하려는 청조의 정부와 영국과의 충돌은 마침내 아편전쟁으로 번졌으나 영국의 군사력 앞에 청국은 쉽사리 패퇴하여 1842년에 남경조약이 체결되었다. 목적을 위해서는 수단을 가리지 않는 영국의 이런 행위는 제국주의적 침략 중에서 가장 추악한 것이라고 말할 수 있다. 남경조약의 결과 청국은 종래의 쇄국정책의 포기를 강요당하여 개항지에서의 영사 재판권과 치외법권을 인정하게 되었다. 이때부터 중국은 전혀 새로운 국면을 맞이하게 됨과 동시에 열강에 의한 중국 침략의 길이 열린 것이다.

유럽에 근대 과학이 일어난 원인

아편전쟁에서 청조가 패한 가장 큰 원인은 군사력을 중심으로 하는 중국의 과학기술이 뒤떨어져 있었기 때문이었다. 예전에는 세계 제국으로서 주변의 나라들을 정복하고 현란한 문명을 쌓아올려 많은 과학기술상의 발명을 해왔던 이 나라가 소수의 영국 함대의 공격을 받아 손을 쓸 수조차 없었다. 오랜 평화를 구가하던 중국 사회의 퇴폐에 그 원인의 하나를 찾아볼 수 있을 것이다. 그러나 보다 근본적으로는 유럽에는 근대 과학이 일어났는데 중국에는 그러한 현상이 일어나지 않았기 때문이다. 이 문제에 대하여 지금까지 많은 논의가 거듭되었지만 그 원인을 하나로 한정할 수 없을 것이다. 아시아를 중심으로 생각해 보면 유럽에서의 근대 과학의 발흥은 매우 특수한 환경 속에서 일어났다고 할 수 있을 것이다. 유럽이 그 중세의 암흑에서 다시 일어나게 된 것은 물론 유럽 자체 속에 원인이 없었던 것은 아니지만 무엇보다도 이슬람 제국을 통해서 그리스 문명의 성과를 받아들이고, 또 훨씬 먼 인도나 중국의 발명과 발견을 받아들였다는 데 있다. 이미 말한 것처럼 인도에 기원을 둔 아라비아 숫자는 유럽의 계산술을 향상시키고 또 수학의 발달에 기여했다. 그리고 유럽의 중세 사회를 뒤흔들고 근대 사회로의 길을 연 것으로서 중국의 4대 발명을 무시할 수 없다. 종이와 인쇄술은 일반 민중의 지식 수준을 높이고, 화약의 제조와 그에 따르는 화기의 사용도 유럽 사회를 송두리째 뒤흔들어 놓았다. 그때까지 귀족이나 기사(騎士)만 전쟁에 종사하고 그로 말미암아 그들은 특별한 권력을 쥐고 있었으나 화기의 등장에 의해서 일반 민중도 전쟁에 참가하게 되어 특권계급은 점점 자취를 감추어갔다. 특히 유럽인이 해외에 진출하여 아메리카나 아시아에 항해할 수 있게 된 것은 중국에서 시작된 나침반이 큰 역할을 하였다. 유럽인은 이러한 해외진출에 의해서 많은 부를 본국으로 실어가서 근대 국가로서의 경제적 기초를 닦았다. 중국의 발명 없이 유럽의 근대는 있을 수 없었다고 해도 극단적인 말이라고는 할 수 없을 것이다.

중국이 뒤떨어진 원인

이에 대하여 과거의 중국에 들어온 외래문명은 매우 빈약한 것이어서 유럽의 문명을 받아들인 명말, 청초의 그것마저도 중국사회를 뒤흔들 수는 없었다. 과거의 중국은 거의 모든 것을 자기나라 안에서 창조해 왔다. 5,000년의 역사를 갖는 한족은 자력으로 매우 높은 문명을 만들어냈다. 그러나 자력에는 일정한 한계가 있다는 것을 부정할 수는 없다. 더욱이 불행한 일은 중국의 문명이 하나의 민족에 의해서 형성되었다는 것이다. 과거에는 이것 때문에 독특한 문명이 형성되었지만 유럽에 근대 과학이 일어날 무렵이 되자 이 독특한 문명이 전통으로서의 강제력을 가지고 사회의 변혁을 방해했다. 이런 점에서 유럽은 매우 좋은 조건하에 있었다. 중국보다 훨씬 좁은 지역 안에 전통을 달리하고 언어와 습관이 다른 민족이 할거하였다. 전쟁이나 그 밖의 이유 때문에 한 나라의 과학 연구가 침체했을 때 다른 나라가 그 임무를 담당했다. 갈릴레이를 낳은 이탈리아, 케플러가 활약했던 독일이 전쟁 때문에 과학 연구를 할 수 없게 되면 과학 연구의 무대는 영국으로 옮기고 다시 프랑스가 그 주도권을 잡았다. 유럽이 하나가 되어 유럽의 근대 과학을 만들었다.

중국이 놓인 불행한 환경

하나의 나라, 하나의 민족이 끊임없이 새로운 문명을 만드는 것은 아주 어려운 일이라고 할 수 있을 것이다. 새로운 문명은 다른 문명과 다른 민족 사이의 활발한 교류 속에서 생기는 것이다. 이것은 과거의 중국 역사에서도 두세 가지 사례를 들어 설명할 수 있을 것이다. B.C. 5-3세기의 전국시대에 화려한 문명이 꽃핀 것은 그 뚜렷한 보기이다. 또 서역과의 사이에 밀접한 교류가 있었던 전한시대에 중국문명이 확립되었고 그 문명이 주변에 퍼짐에 따라서 당의 현란한 문명이 번영하였다. 낮은 문명 밖에 갖지 않았던 북방의 이민족과의 교류에서도 새로운 자극을 받아서 과학 연구가 활발해졌던 예는 13세기 전반 금·원 교체의 시기에도 찾아볼 수 있다.

과거의 중국은 사막과 산맥, 그리고 바다가 가로놓여 외국의 침략을 쉽게 받지 않는 자연환경 속에서 안주할 수 있었다. 국민의 대부분을 차지하는 한족은 스스로의 뛰어난 문명을 그대로 간직했다. 꾸준한 발전을 보였다고는 하지만 유럽 사회와 같은 변혁은 일어나지 않았다. 16세기에 이르러 유럽에 근대 과학이 발흥하고, 17세기의 과학혁명이 이루어지게 되면서 중국과 유럽과의 차는 결정적인 것이 되었다. 그것도 영국을 비롯한 열강의 중국 진출이 아직 적극적이지 않던 시대에는 전통 위에 안주하고 옛 체제 속에서 중화제국의 꿈을 즐길 수 있었다. 그러나 아편전쟁은 이 옛 중국에 처음으로 가한 심한 타격이었다. 중국의 봉건사회는 일로 붕괴로의 길을 치닫게 된 것이다. 그러나 높은 전통문명을 가진 중국의 근대화에의 길은 참으로 험준한 것이었다. 일본의 경우 열강의 압력으로 개항되고 나서 메이지유신까지 약 20년밖에 경과하지 않았다. 그러나 같은 시기로서 남경조약의 체결에서 민국혁명까지를 잡으면 무려 70년이 걸리고 있다. 민국혁명 후라고 해도 일본의 메이지유신 후와 같이 순조로운 근대화는 되지 않았다. 서양문명과의 대결 속에서 탐욕스런 열강들의 침략을 받아 중국의 오랜 고민이 계속된 것이다.

2 양무운동에서 변법론으로

잇달은 열강의 침략

아편전쟁에 청조가 패배한 것은 일본에도 재빨리 알려져서 큰 충격을 주었다. 남경조약이 체결된 해에 위원(魏源)은 『해국도지(海國圖志)』를 저술하여 서양 사정을 전하는 한편 부국강병을 위한 방책을 역설하였다. 이 책은 일본인에게도 널리 읽혀 부분적인 일본판까지 출판되어 요시다 쇼오인(吉田松陰)과 하시모토 사나이(橋本左內) 등에게도 영향을 미쳤다. 아편전쟁은 일본이 개국에로 크게 기우는 하나의 원인이 되기도 하였다. 그러나 중국의 경우 아편전쟁에 이어 외국의 침략은 한층 더 심해졌다. 아편전쟁에 의해서 영국은 5개의 항구를 열게 했으나 중국 무역은 기대한 대로 발전을 보지 못했다. 영국은 더 큰 권리를 얻을 기회를 노리고 있었는데 때마침 영국인을 선장으로 하는 홍콩 선적의 배인 〈애로우 Arrow〉 호에 타고 있던 중국인 선원이 해적 혐의로 청국 관헌에게 잡힌 것을 계기로 영국과 프랑스는 연합해서 1858년 1월에 광동을 점거했다. 그 전 해에 인도에서 세포이들sepoys의 반란에 편승하여 영국은 인도의 전토를 장악하고 있었다. 그런데 광동 공략이 있은 뒤 영국과 프랑스 외에 러시아와 미국 두 나라가 끼여 조약 개정을 요구하여 군대를 천진에 보냈다. 그 결과 천진조약이 맺어져 개항장의 증가, 그리스도교 포교의 공인, 외교사절의 북경 주재, 다액의 배상금 지불 등이 청국측에 강요되었다. 이 조약의 비준 교환에 즈음하여 다시 청국과 영국·프랑스 연합국 사이에 전쟁이 벌어져 1860년에 연합군은 북경을 점령하고 북경 서쪽 교외에 있는 원명원(圓明園)을 파괴하였다. 그리하여 청국 정부에 가혹한 조건이 부가된 외에 영국은 홍콩에 가까운 구룡(九龍)도 차지하게 되었다. 이렇게 곤란한 시기에 화중(華中)을 중심으로 태평천국(太平天國)의 반란이 일어난 한 때는 청조를 멸망시킬 만한 세력이 되었다. 팔기(八旗)를 중심으로 한 청조의 정예는 반란군의 대장 홍수전(洪秀全)이 이끄는 군대에 격파되었으나 호광총독(湖廣總督)인 증국번(曾國藩)이 훈련시킨 민병이 반란군의 토벌에 상당한 성과를 올렸다. 이 반란은 영국군인 고든Gordon이 이끄는 상승군(常勝軍)에 의하여 겨우 평정되었다.

양무운동의 지도자들

〈애로우〉 호 사건 결과 1861년에 북경 총리아문(總理衙門)이 설치되었는데, 이것은 그때까지 멸시해 오던 외국과의 대등한 교섭을 하기 위한 관청이었다. 외국과의 교섭에 관한 일체의 사무는 양무(洋務)라는 이름으로 불리는데, 여기서 말하는 양무운동은 외국의 군사기술을 받아들여 스스로의 군사력을 증가시키는 계획과 그 실행을 가리키는 것으로 총리아문을 설립한 무렵부터 30여

년에 걸쳐 활발하게 진행되었다. 그것은 청조의 정치체제와 유교적인 정신을 그대로 유지하면서 과학문명을 섭취하여 서양에 대항하는 강국을 만들자는 운동이었다. 따라서 양무운동의 중심은 정부의 고관이며 증국번과 좌종당(左宗棠), 이홍장(李鴻章) 등이 유력한 인물이었다. 그들은 제각기 그들의 입장에서 그것을 실행했기 때문에 처음부터 계획성이 부족한 점이 많았다. 먼저 태평천국의 난이 끝난 무렵 외국어의 습득과 과학기술 교육을 위해서 북경에 동문관(同文館, 1862), 상해에 광방언관(廣方言館, 1863), 광동에 동문관(同文館, 1864)이 설립되었다. 국내에서의 교육과 함께 1872년에 이홍장의 주창으로 최초로 일반 유학생 30명이 미국에 갔고, 이어서 군사, 조선(造船) 기술을 배우기 위하여 영국, 독일, 프랑스 등에도 유학생이 파견되었다.

양무운동하의 각종 사업

양무운동 초기의 사업은 각지에 병기공장을 설립하는 것이었다. 증국번은 안경(安慶)에서 화기와 기선(汽船)의 시험제작을 하고, 이홍장은 상해에 강남제조국(江南製造局), 남경(南京)에 금릉기기국(金陵機器局)을 설립하였다. 그 중에서 강남제조국은 가장 대규모의 것으로 본격적인 병기, 함선을 제조하고 종업원은 3,000명에 달했다고 한다. 또 번역관(翻譯館)이 설치되어 외국인의 도움을 받아 많은 과학기술서를 중국어로 번역하였다. 이 번역사업은 서수(徐壽), 화형방(華衡芳) 등 중국인 과학자의 제안으로 시작되었는데 사업의 중심이 된 것은 미국인 프라이어 J. Fryer(傅蘭雅), 영국인 와일리 A. Wylie(偉烈亞力, 1815-1887) 등이었다. 여기서 많은 과학책이 번역되었으나 중국인에게 별로 이용되지 않은 것이 실정이었다. 이 강남제조국은 중화민국이 되고 나서 해군부에 흡수되어 강남제조창으로서 운영되었다. 또 좌종당도 복주선정국(福州船政局)을 만들어 남해해군(南海海軍)을 창설한 외에 전국 여러 곳에 병기공장을 만들었다. 이것들은 모두 청조의 고관에 의하여 만들어져서 국가사업으로서 운영되었다. 양무운동은 더 발전하여 군사 관련 공장도 만들었는데, 그 경우 정부의 감독하에서 일반인에게 그 운영이 맡겨졌다. 이런 종류는 기선회사, 탄광의 개발과 석탄 운반을 목적으로 하는 철도 건설, 직물공장 등 간접적으로 군사에 연결되는 산업 부문으로 진출이 행해졌다. 그러나 이러한 사업은 충분히 목적을 달성하지 못했다. 정부의 관료통제에 의한 불만으로 민간자본이 잘 모아지지 않자, 결국은 대부분의 비용을 정부 지출에 의존하지 않으면 안 되었다. 양무운동의 최후를 장식하는 사업은 북양해군(北洋海軍)의 설립과 한양제철소(漢陽製鐵所)의 건설이었다. 또 천진 철로공사에 의한 천진-산해관(山海關) 철도가 부설되어 중국의 철도계획은 겨우 실행기에 들어갔다. 이홍장은 천진에 무비학당(武備學堂)을 세워 1874년부터는 북양해군의 창설을 위해 노력했다. 동양 최강을 자랑하는 함대가 이루어졌을 무렵이 양무운동의 한 정점이었다. 북방에서의 이홍장의 활약에 대하여 남방에서는 장지동(張之洞)의 지도하에서 한양제철소가 세워져 대야(大冶)의 철광석을 원료로 하는 제련 사업이 시작되었다. 장지동은 청말의 유명한 학자관료로, 1884년부터 10여 년 동안 양광총독(兩廣總督)으로 있으면서 남방에서의 양무운동의 중심이 되었다.

철저하지 못한 양무운동

30여 년에 걸친 양무운동을 살펴보면 메이지 초년에 일본이 외국에서 군사기술을 배우고 각종 공장을 나라에서 경영한 것과 비슷하다. 그러나 둘 사이에는 큰 차이가 있었다. 일본의 경우는 그때까지 막부체제라는 구체제를 붕괴시키고 부국강병의 방책을 실시하는 데 장애가 되는 전통은 가차없이 폐기했다. 그러나 중국의 경우 절대군주하에서 낡은 체제는 그대로 남고 낡은 감각밖에 가지지 못했던 관료가 약간 무계획하게 방자한 경영을 하였다. 메이지유신 때에는 많은 인재가 중앙에 모여진 데 대하여 중국에서는 이러한 조처가 거의 취해지지 않았다. 중국에서 양무운동을 추진한 고급관료들도 마음 속으로부터 서양의 우위를 인정한 것은 아니었다. 서양이 과학기술 면에서 우월하다는 것은 사실이라고 할지라도 전통적인 제도나 유교적 정신은 비교가 안 된다는 신념이 있었다. 양무운동을 하는 사람들은 자주 〈중체서용(中體西用)〉이란 말을 썼다. 근본적인 것은 중국의 전통이며 서양의 과학기술은 그것을 보충하는 것뿐이었다. 청조 초기에 매문정 등이 유럽의 천문학이나 수학은 원래 중국에 기원을 갖는다고 주장했는데, 그러한 자기만족적인 의견이 여전히 살아 있었다. 1866년에 북경 동문관에 산학관(算學館)이 부설되었을 때 천문산학은 원래 중국 기원의 것이며, 예를 들면 서양의 차근법(借根法, 대수학)은 중국의 천원술에 바탕을 둔 것이어서 이러한 사실을 입증하는 것이 산학관 설립의 취지였다. 이러한 의식하에서 전통을 무너뜨림이 없이 서양의 과학기술을 받아들이려 해도 그것은 처음부터 무리한 일이었다. 유럽의 근대 과학은 유럽의 근대 사회 속에서 태어났다. 자연과학은 자연을 대상으로 하는 객관적인 학문이며 따라서 그것은 사회와 떨어져서 존재하는 것이라는 생각은 큰 잘못이다. 전에는 물질과 정신을 대립시켜서 생각하고, 물질세계를 다루는 자연과학을 인간의 정신에 관계없는 것이라 해서 인문계의 여러 과학에 비하여 한층 낮은 평가를 하는 설이 있었다. 그러나 그러한 설이 잘못이라는 것은 오늘의 기술혁신이 얼마나 사회와 인간의 정신에 영향을 주고 있는가를 보면 쉽게 알 수 있다.

변법론과 그 지도자

청말에 군사력을 증강하기 위해서 서양의 과학기술을 도입하고 각종 공장의 건설에 노력해 왔으나, 그것이 충분한 성과를 올리지 못했다는 것은 청일전쟁에서 분명히 드러났다. 동양 최강을 자랑하던 북양해군이 신흥 일본 해군에 의해서 단번에 격파된 것이다. 당시 청조에서는 서태후(西太后)가 정권을 잡고 북경의 서쪽 교외의 만수산(萬壽山)에 장대한 이궁(離宮)을 지었는데, 그 때문에 해군 예산을 삭감한 것이 패배의 한 원인이었다고 한다. 낡은 체제를 유지하는 것이 서양의 우수한 과학기술을 도입하여 중국을 강화하는 방침을 방해하는 것이라는 사실이 이미 많은 지식인에 의하여 분명해졌다. 청일전쟁의 패배는 중국에 심각한 반응을 불러일으켰다.

이러한 상황을 타개하기 위하여 두 가지 방안이 취해졌다. 하나는 한인(漢人)을 중심으로 하는 민족운동과 이어진 것으로 청조의 이민족 지배를 타도하고 공화정치를 일으켜 세우려는 혁명에의 움직임이었다. 그러나 혁명운동이 성공하기까지 거치지 않으면 안 되었던 또 다른 관문이 있었다. 그것은 청조의 정치체제를 유지하면서 점진적으로 여러 가지 제도를 바꿔나간다는 것으로 이것이 청말에 있어서의 변법론(變法論)이었다. 그 경우 일본이 하나의 모범이 되었다. 메이지유신 이후 불과 20-30년 사이에 이룩한 일본의 진보와 관련해서 서양의 과학기술 섭취는 말할 것도 없고 일본이 훌륭한 국내 체제를 만들었다는 것이 주목되었다. 특히 의회정치에 의해서 상하의 의지가 잘 소통하여 거국적으로 부국강병을 위해 힘쓰는 모습이 중국의 지식인에게 주목되었다. 그때까지 중국에서 서양의 장점으로 인정한 것은 과학과 군사력으로 그것은 이른바 형이하(形而下)의 분야였다. 그러나 서양의 우위는 단순히 그런 분야뿐만 아니라 의회제도나 관리등용의 방법 등 여러 가지 제도에서도 인정되게 되었다.

변법론의 지도자로서 유명한 인물은 강유위(康有爲)였고, 그의 지도로 이른바 무술정변(戊戌政變, 1898년)이 일어났다. 강유위는 광동에서 태어나서 일찍부터 서양의 사정에 통했지만 유교적인 교양도 깊었다. 변법론을 펴는 데 있어서 제도를 변혁하는 것은 공자(孔子) 자신의 주장이라고 설파하였다. 그는 표트르 대제 Peter the Great(1672-1725)에 의한 러시아의 변혁이나 일본의 뚜렷한 진보를 칭찬하였다. 메이지유신 이후 일본은 각종 제도를 고치고 유학생을 해외에 파견하여 서양의 과학기술을 배우게 하고 서양 서적들을 번역하여 국정을 발전시켰고 이것이 일본을 부강하게 한 원인이라고 생각하였다. 그는 1895년에 강학회(强學會)를 상해에서 열고 일본책의 번역을 시작하였다. 물론 그가 중요시한 것은 국내의 개혁이었으므로 번역에 있어서도 과학기술서보다도 정치 관계의 책들이 중요시되었다. 무술변법은 광서제(光緖帝)가 내린 〈국시를 분명히 정하는 조칙〉에 의해서 시작되었지만 이것을 싫어한 서태후는 광서제를 유폐하여 불과 100일 만에 이 변법운동은 좌절되고 말았다. 그래서 무술정변은 또 백일유신(維新)이라고도 불렸다. 강유위가 지향했던 변법은 입헌군주제 밑에서 널리 인재를 등용하는 것이 주목적이어서 국회의 창설과 아울러 종래의 과거에 의한 관리 채용 대신에 학교 졸업자를 충당한다는 것에 있었다. 변법에 실패한 강유위는 생명의 위험을 피하여 일본에 망명했다. 그는 청말의 진보적 학자의 한 사람이었으나 광서제의 신임을 받아 군주제의 유지라는 생각은 일생 동안 바뀌지 않았다. 만년에는 오히려 보수적인 인물이 되어 손문(孫文)과의 합작을 거절하고 보황회(保皇會)를 조직하여 청조를 도우려 하였다. 또 민국혁명 뒤에도 공자의 가르침을 국교로 하기를 주장했다.

과거제도의 장점과 결점

강유위가 폐지를 주장했던 과거제도는 광서 31년(1905)에 마침내 폐지되었다. 청일전쟁을 계기로 하여 일본도 끼여든 열강의 중국 침략은 한층 격화되고, 그와 함께 국내에서의 배외(排外)사상도 높아져 마침내 1900년에는 의화단(義和團)에 의한 북청사변(北淸事變)이 일어났다. 과거제도의 폐지는 그 후에 있었던 것이다. 이미 말한 바와 같이 수·당 무렵에 시작된 과거제도는 과거에는 매우 훌륭한 인재등용의 방법이었다. 관리가 되는 길은 일반에게 열려 재능있는 자는 과거에 합격함으로써 대신, 재상도 될 수 있었다. 중국의 관료제도에는 세습제가 없어서 바보가 좋은 집안에서 태어났다는 것만으로 고관이 되는 일은 없었다. 그것은 매우 민주적인 제도여서 그것으로써 재능있는 지식인의 불만을 발산시킬 수 있었다. 그러나 이 제도에는 역시 결함이 있어서 청말이 되면서 오히려 그 폐해가 결정적인 것이 되어버렸다. 과거제도는 행정관의 등용에 한정되어 과학자나 기술자도 유학을 중심으로 하는 과거에 급제하지 못하면 도저히 입신출세할 수 없었다. 지금과 같이 과학기술자가 존중되는 시대와 달리 어느 나라에서나 전통사회에서는 과학기술이 하는 역할은 적었고 당연한 결과로서 과학기술자의 지위는 매우 낮았다. 그러한 상태는 과학기술의 수입이 시급했던 청말의 시대에서도 과거제도하에서 계속되었다. 아무리 유학생이 외국에서 과학기술을 배우고 왔다 해도 그들은 국내에서 지도적인 지위를 얻어 배워온 지식을 살리는 일은 거의 할 수 없었다. 1905년에 와서 과거제도는 폐지되었지만 이미 낡은 체제를 버텨낼 만한 개혁은 되지 못하였다. 그 후 6년 만에 신해혁명(辛亥革命)이 일어나 300년 동안 중국을 지배한 청조는 망하고 말았다.

3 이선란과 엄복

옛 체제를 지킨 이선란

구체제하에서 열강의 침략을 받아 고민을 거듭하던 청말 과학계의 상태를 두 사람의 지식인을 통하여 살펴보기로 하자.

이선란(李善蘭, 1810-1882)은 청말의 수학자로서 가장 저명한 인물이었다. 그는 가경 15년에 절강성(浙江省)·해녕현(海寧縣)에서 태어났다. 당시는 중국의 전통적 학문이 활발히 연구되고 과학 면에서도 고전 수학서의 연구에 많은 업적이 이루어진 시대였다. 그는 10살쯤 되었을 때 고전 수학서의 대표라고 할 『구장산술(九章算術)』을 배우고 전통적 수학을 깊이 연구하였다. 1852년에 상해에 가서 영국인 선교사 와일리, 에드킨스J. Edkins(艾約瑟) 등과 알게 되어 수학책을 중심으로 서양과학서의 번역에 협력하였다. 명말에 서광계가 마테오 리치의 조력으로 전반을 번역했던 유클리드의 『기하원본(幾何原本)』의 후반을 와일리의 지도를 받아 완성하였다. 이선란은 외국어를 못한 점에서 서광계와 비슷하다. 와일리가 불러주면 그것을 이선란이 필기하였다. 이 시대가 되어도 옛 전통 속에서 자라난 지식인들은 굳이 외국어를 배우려 하지 않았다. 서광계의 시대에는 예수회를 중심으로 한 가톨릭 선교사가 활약했으나 청말에는 프로테스탄트 선교사들이 많이 건너와서 스스로 중국어를 배워 서양 문명의 소개자로서 번역과 교육사업에 전력하였다. 와일리는 그러한 선교사의 한 사람이었다.

『기하원본』을 번역할 무렵 그는 또 에드킨스를 도와서 『중학(重學)』을 번역하였다. 이것은 정역학(靜力學)과 기계학(機械學)을 다룬 것이었다. 그 밖에 에드킨스와 함께 한 『곡선설(曲綫說)』, 그리고 와일리와 함께 한 『대미적습급(代微積拾級)』 등의 역서가 있다. 또 그의 번역은 수학서뿐만 아니라 천문학이나 군사 관계에도 미쳤다. 그의 업적에서 보면 그는 고전 수학뿐만 아니라 근대 수학에도 많은 관심을 가지고 있었다. 또 양무파의 관료학자인 증국번과도 친교가 있어 그의 보좌역이 되기도 하였다. 『서학동점기(西學東漸記)』의 저자 용굉(容閎)은 1863년경 한 중개업자로부터 유명한 중국의 수학자 이선란에게 소개되고 또 이선란을 통해서 증국번을 만나게 되었다. 그 책에는 〈이 학자는 런던회 London Missionary Society의 선교사 와일리라는 사람이 몇 가지 수학책을 중국어로 번역하는 것을 도운 사람이며, 이 번역서 중의 하나에 미적분학도 있다.…… 이선란은 또 천문학자이기도 하였다〉라고 소개되고 있다. 이렇게 서양과학과 깊은 접촉을 가진 이선란이었으나 유럽 과학이 대단한 추세로 진보하고 있는 것을 알지 못하고 스스로의 연구 업적에 대한 평가를 잘못하였다. 그와 친교가 있던 와일리는 중국 수학에 관한 메모에서 이선란이 한 일은 만일 그것이 200년쯤 전이었더라면 어느 정도 가치가 있었다고 비평하고 있다. 그럼에도 이선란은 서양인은 계산을 할 줄 알지만 이론은 모른다든가, 자기의 방법으로는 서양 것에 비하면 몇 십 배나 빨리 결과를 얻을 수 있다고 말하고 있다. 그러나 세계의 대세에 어두운 지식인은 비단 이선란만이 아니었다.

1866년 북경 동문관에 산학관이 부설되었다. 앞에서 말한 것처럼 수학을 통해 중국의 위대성을 입증한다는 것이 그 주지였다. 그는 1868년부터 총교습(總敎習)으로서 삼품(三品)의 고관으로 임명되어 좋은 환경 속에서 그 일생을 마쳤다.

계몽가로서의 엄복

엄복(嚴復, 1853-1921)은 젊어서 영국에 유학하여 서양 문명에 경도(傾倒)하고 귀국 후에는 진화론을 중국에 소개한 계몽가로서 유명하다. 그의 경력은 이선란과는 아주 다르다. 복건에서 태어나 14살 때 양무파의 대관인 좌종당이 복건에 개설한 복주 조선창에 부설한 해군학교의 학생이 되었다. 거기서는 일체의 비용이 제공되었으므로 가난한 엄복에게는 그것이 매력이었던 것 같다. 그 학교를 택한 것은 이것이 큰 원인이 되었다. 학교는 조선과 항해의 두 부문으로 나뉘어 조선 부문의 학생은 프랑스어를 배우고 항해 쪽은 영어를 배웠다. 엄복은 항해 쪽을 택했는데 나중에 영국에 유학하게 된 것은 그 때문이다. 1877년 그는 선발되어 영국에 유학하여 그리니치의 해군대학에서 항해술을 배웠다. 영국 체재는 2년이었지만 그 동안 항해술에 필요한 서양의 과학기술을 배우면서 진화론 등의 일반 과학, 그리고 사회과학에 관한 책들을 널리 읽었다. 특히 입헌정치하에서 일반 민중이 정치에 참가하고 있는 영국의 상태를 보고 이것이야말로 중국을 부강하게 할 수단이라고 생각하게 되었다. 외국에서 과학기술을 배운 사람이 도중에서 정치 활동에 투신하는 것은 중국의 정정(政情) 불안이 가져온 결과여서 가깝게는 노신(魯迅)과 곽말약(郭沫若) 등 그 예는 민국시대에 들어가서도 적지 않다. 노신은 일본의 도호쿠(東北) 대학에서 의학을 배웠으나 나라를 구하기 위하여 의학을 포기하고 문학을 통해서 혁명 운동에 몸을 바친 것이다.

과거 합격에의 집념

귀국 후의 엄복은 영국에서 배운 학문을 살릴 수 있었다. 그는 외국에서 돌아온 우수한 항해기술자로서 이홍장이 개설한 천진의 북양수사학당(北洋水師學堂)에 초빙되고 이윽고 교장이 되었다. 이것은 엄복에게는 큰 행운같이 보이지만 그 자신에게는 결코 그렇지 않다. 그는 이미 수사학당에서 중요한 자리를 차지하고 있었음에도 불구하고 과거시험에 합격하여 정치가로서 평소의 포부를 실현하고 싶다고 염원하게 되었다. 그는 33세에서 41세까지

4회에 걸쳐 거인(擧人, 과거는 몇 단계로 나누어진다. 황제 앞에서의 殿試에 앞서 각 성에서 행하는 시험 합격자)의 자격을 얻기 위하여 시험을 쳤지만 끝내 성공하지 못했다. 마지막 시험 때는 이미 수사학당의 교장이 된 뒤여서 이른바 전문기술자로서 최고라고 할 관직에 있는 사람이 다시 과거시험을 쳤다는 것은 정말 이상하게 생각된다. 그는 군사기술을 닦았다고는 하지만 영국에서 서양 문명에 접하고 때로는 진보적인 의견을 말하는 일이 있었다. 이러한 개명적인 인물조차도 과거에 합격하는 것이 무엇보다도 큰 매력이었던 것이다. 이미 변법파에 의하여 과거의 폐지가 강력히 주장되고 있던 시대인데도 구태여 과거에 뜻을 둔 엄복이 만년에 보수주의자가 된 것은 당연한 결과일지도 모른다. 그러나 정치가가 되는 것이 국가를 구하는 유일한 길이며 동시에 입신출세와 직결된다는 생각은 엄복의 시대는 물론 그 후에 있어서도 지식인의 일반적 사상이며 또한 사회 전체의 풍조이기도 했다. 서양문명과 심하게 충돌한 청말에서 민국에 걸쳐 뛰어난 과학자가 태어나지 못했던 원인의 하나는 이 점에 있었다. 정치적 인간으로 살아온 중국인은 정치를 앞세우는 사회 환경 속에서 자라왔다. 과학을 존중하는 새로운 기운은 사회 속에도 개인의 마음에도 쉽게 생겨나지 못했다.

진화론의 번역과 그 유행

청일전쟁이 끝난 무렵부터 그는 유럽의 사회과학에 관한 서적을 정력적으로 번역하였다. 애덤 스미스 Adam Smith(1723–1790)의 『국부론 *Inquiry into the Nature and Causes of the Wealth of Nations*』(原富라고 번역)과 몽테스키외 Charles Louis de Secondat Montesquieu (1689–1755)의 『법의 정신 *L'Esprit des lois*』(法意라고 번역) 등이 있는데, 특히 그를 유명하게 한 것은 진화 사상의 소개였다. 그가

번역한 것은 다윈 Charles Darwin(1809-1882)의 『종의 기원 *On the Origin of Species by Means of Natural Selection*』이 아니고 헉슬리 Thomas Henry Huxley(1825-1895)가 옥스퍼드에서 강연한 『진화와 윤리 *Evolution and Ethics*』를 중심으로 하고 스펜서 Herbert Spencer(1820-1903)의 설을 섞은 것으로 충실한 번역은 아니었다. 이것은 『천연론(天演論)』이라는 이름으로 광서 23년(1897)부터 『국문보(國聞報)』에 게재되어 그 다음해에 종합하여 출판되었다. 〈천연〉이란 자연도태에 의하여 생물이 연진변화(演進變化)한다는 의미인데, 헉슬리나 스펜서는 진화론을 인간 사회의 현상에 적용했던 것이다. 청일전쟁에 패배한 결과 중국은 외국에게 영토를 빼앗겨 국가의 존망이 바로 눈앞에 다가오고 있었다. 그것은 생존경쟁에서 진 모습이었고 우승열패(優勝劣敗), 적자생존(適者生存)의 현상이 국가의 운명에 확실히 나타나고 있다고 느껴졌다. 당시의 중국인에게 있어서 이 번역서는 그야말로 경종을 울린 것이었다. 헉슬리는 인간의 노력에 의하여 자연과 싸워 이겨 국가를 오래도록 존속시킬 수 있다고 했는데 엄복은 이것을 부연하여 변법자강(變法自彊)에 의하여 중국의 위기를 구할 수 있다는 것을 강력히 호소했다.

『천연론』의 출판은 아연 중국의 지식계급에 큰 반향을 불러일으켰다. 강유위의 제자로 청말의 진보적 학자였던 양계초(梁啓超)는 광서 22년에 완성된 『천연론』의 원고를 읽고 크게 감격하였다. 『천연론』은 전국을 풍미하고 진화론의 내용을 충분히 이해하지 못하는 사람들 사이에서도 천연(자연진화), 물경(物競, 생존경쟁), 도태, 천택(자연도태) 등의 용어가 일반인의 말이 되었다. 1891년에 태어난 중국의 사상가 호적(胡適)은 자서전 『사십자술(四十自述)』 중에서 다음과 같이 말하고 있다. 〈『천연론』은 출판된 후 몇 해 안가서 전국 청년의 애독서가 되었다. 그들은 헉슬리의 주장을 충분히 이해하지 못했지만 여러 번의 패전으로 '우승열패, 적자생존'이라는 말을 중국의 현상에 결부시켜 국가의 앞날을 생각하며 애국의 피를 끓였다. 천연, 물경, 도태, 천택이란 말은 애국자의 구두선(口頭禪)이 되어 이 말들을 아이의 이름에 붙이는 사람이 많았다.〉 호적 자신의 이름도 적자생존에서 한 자를 땄다고 저자 자신이 말하고 있다.

만년의 엄복은 점진적 개량주의의 입장까지 버리고 오히려 보수주의 정치가가 되었다. 민국 이후에는 원세개(袁世凱)의 제정(帝政)운동을 돕기도 하고 공자 숭배를 주창하였다. 또 다음 절에는 말하는 5·4운동에 대해서도 반대 입장에 있었다.

청말의 시대에 서양인과 접촉하여 서양의 과학기술에 친숙했던 이선란과 엄복은 아주 다른 길을 걸었다. 이선란은 근대 수학의 진보에 별로 마음을 쓰는 일없이 전통적인 수학 속에 안주하여 좋은 지위에 만족하며 생애를 마쳤다. 이에 대하여 엄복의 생애는 고민에 찬 청말의 정정을 그대로 반영하여, 진화론의 소개로 명성을 떨치고 영국에서 배운 항해기술로 얼른 보기에 좋은 지위에 있었다고는 하지만 과거에 합격하여 정치가가 되려는 꿈은 버리지 못했다. 영국 유학생이 되어 실제로 유럽 문명을 배웠어도 끝내 중국의 전통에서 벗어날 수 없었다. 새로운 시대에의 과도기적 인물로서 그의 생애는 참으로 가슴 아프게 생각된다.

4 과학서의 번역

프로테스탄트 선교사의 활동

아편전쟁 이후 중국에 거주하는 외국인의 수는 점점 증가해 갔다. 그 중에는 양무파의 대관(大官)에 의하여 계획된 군사공장이나 철도건설의 고문으로 활약한 사람도 있었다. 그러나 애로우호 사건의 결과 그리스도교 포교가 공인되면서 많은 선교사가 중국에 건너와서 포교하는 한편 서양 학문을 전하고 또 교육기관과 병원 등을 만들었다. 이러한 선교사는 주로 영국과 미국의 프로테스탄트이며 명말, 청초에 가톨릭계의 예수회가 활약한 것과 비슷하지만 한층 다방면에서 활동하였다. 한편 구미 열강은 중국을 침략하고 있었기 때문에 때때로 중국인에게 배척되기도 했지만 많은 업적을 올린 것은 부정할 수 없다. 신해혁명의 지도자였던 손문(孫文)은 미국 선교사에게 세례를 받고 처음에는 미국 선교사가 경영하는 병원에서 의학을 배웠다. 프로테스탄트 선교사들은 이른바 근대 문명의 소개자로서 청년들을 매혹시킨 일이 있었다. 상해와 그 밖의 도시가 무역항으로 개발되면서 서양인과 상업의 중개자로서 중국인이 참가했다. 이 사람들은 〈매판(買辦)〉이라고 불리고 자유로이 외국어를 말할 줄 알았다. 그러나 많은 중국 지식인들은 외국어를 배우는 데 매우 소극적이었다. 그 때문에 외국어 과학기술서를 번역하는 일도 선교사들이 중심이 되었다. 앞에서 말한 것같이 강남제조국에서 정부가 대대적으로 행한 번역사업에도 주역이 된 것은 프라이어나 와일리 같은 선교사들이었다. 프라이어는 나중에 격치서원(格致書院)을 만들어 많은 한역을 하였고 와일리는 묵해서관(墨海書館)에서 번역한 책을 출판하였다. 이러한 번역서나 선교사들이 서양어 또는 한문으로 간행한 잡지류 등은 막부 말에서 명치 초에 걸쳐서 일본인에게 읽혔고 또 번역된 것이 적지 않았다. 당시의 일본인의 과학지식은 일부를 이러한 출판물에서 얻고 있었다. 그 결과 과학용어도 때때로 중국어에서 빌려왔다. 최근 사카데 요시노부(坂出祥伸)에 의해 밝혀진 것이지만 〈화학(化學)〉이라는 말도 중국에서 빌려온 말이다. 에도 시대에는 네덜란드어를 음역한 〈사밀(舍密) chemie〉

이 화학을 의미하고 있었다. 중국에서 화학이란 용어를 처음으로 쓴 것은 선교사 와일리로서 그가 1857년에 창간한 『육합총담(六合叢談)』이라는 일간잡지에서 비롯되었다. 막부 말의 양학자(洋學者) 가와모토 고오민(川本幸民)이 『화학신서(化學新書)』라는 책을 쓴 것은 1860년의 일로 그가 『육합총담』을 보았을 것은 거의 확실하다. 『육합총담』은 막부에서 번역했고 가와모토는 막부의 번서조소(蕃書調所)에 근무하고 있었으니까 그가 이 잡지를 본 것은 의심의 여지가 없다.

과학서 번역의 추이

외국책 번역 사업은 청일전쟁 전후부터 점점 증가했다. 그 번역도 외국인에게 의존할 뿐만 아니라 외국 유학에서 돌아온 중국인도 하게 되었다. 물론 그 중에는 일본 책도 많고 화학의 경우와 달라 일본에서 만들어진 많은 과학 용어가 거꾸로 중국에서 사용되었다. 〈과학(科學)〉이라는 말 자체도 일본에서 전해진 것으로 중국과 같은 한자를 쓴 일본어는 그대로 중국어로 쓰기에 적당했다. 다음은 주창수(周昌壽)의 「역간과학서적고략(譯刊科學書籍考略)」이라는 논문에 따라 중국어로 번역된 책의 개요를 알아보자. 이 논문에는 함풍(咸豊) 3년(1853)에서 선통(宣統) 3년(1911, 청조의 마지막 해)까지 번역된 구미 과학서 468부를 다음 6항목으로 나누어 연차별로 분류했다. 먼저 항목마다의 부수를 인용해 보자.

총론 및 잡저(雜著)	44부	이화(理化)	98부
천문, 기상	12부	박물(博物)	92부
수학	164부	지리	58부

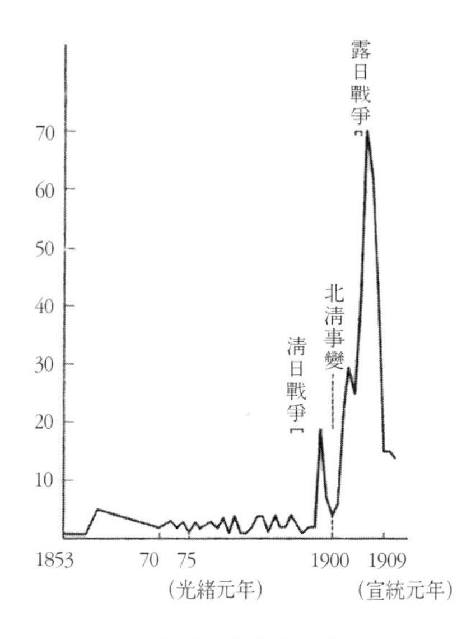

연도별 번역서 종수

이것을 보면 수학책이 압도적으로 많다. 수학이 과학기술의 기초가 되는 것은 말할 것 없고 양무파 사람들이 수학의 중요성을 강조하는 것도 이유가 없는 것은 아니지만 수학책의 비중이 약간 지나치게 크다. 예부터 중국인이 수학을 좋아하여 수학자가 많았다는 것이 반영되고 있다고 해석할 수 있다.

이 번역서들을 연도별 그래프로 나타내면 위의 그림과 같다. 이 그래프를 보면 1853년부터 청일전쟁까지의 번역서는 적고, 청일전쟁 후인 1898년에 하나의 피크가 있다. 그러나 외국 세력을 쫓아내려 했던 북청사변 전에는 줄어들다가 러일전쟁 후인 1906년에는 70부란 다수에 이르고 있다. 이 그래프에서 청일전쟁, 북청사변, 특히 러일전쟁이 과학을 흡수하여 국력의 증진을 꾀할 필요를 절감하게 했다는 것을 알 수 있으나 끊임없이 보수세력의 대두에 의하여 번역사업이 중단되고 있다.

분야 \ 원어	영어	일본어	독일어	프랑스어	기타	총계
과학총론	42	7	4	6	3	62
천문기상	17	12	1	1	2	33
수학	94	37	6	2	2	141
물리학	36	8	7	1		52
화학	34	15	1	1		51
생물학	53	69	4	11	2	139
지구지질 및 광물	6	11				17
총계	282	159	23	22	9	495

분야별 원어별 번역과학서 종수

또 주창수의 논문에는 민국 초년부터 25년(1936)에 이르는 번역과학서의 목록이 있다. 원서의 종류와 과학 분야에 대하여 번역서를 분류한 표를 위에 옮겨 놓았다. 이 시대에는 수학책이 많지만 전체에서의 비중은 매우 줄어들었다. 수학 다음으로 생물학책이 많은데 이 방면의 학자가 늘어났다는 것을 반영하고 있다. 또 일본어로 된 책이 상당히 많이 번역된 것은 번역하기 쉽다는 것과 일본에의 유학생이 많아졌다는 것을 반영하는 것이다.

5 민국 초년의 과학운동

민국 초년의 정정

약 300년 동안 계속된 청조는 마침내 신해혁명에 의해 붕괴하여 1912년부터 새로이 공화제가 채용되어 중화민국이 탄생했다. 이 해부터 태양력이 채용되어 민국 원년이 시작된다. 또 이 해는 일본의 다이쇼(大正) 원년과 일치한다. 그러나 중화민국은 그 첫 탄생부터 고난에 찬 것이었다. 혁명파의 수령인 손문은 천하를 통일하기에 충분한 군사력을 가지고 있지 않았기 때문에 청조 최후의 황제 선통제(宣統帝)를 퇴위시킨다는 조건으로 청조의 대관이며 북양군벌의 거두인 원세개와 타협할 수밖에 없었다. 권력주의적, 반동적 인물인 원세개는 대총통(大總統)에 취임한 당초에는 손문과의 약속에 따라서 책임내각을 만들어 국회를 개설했으나 원래 민주적 의회 운영을 좋아하지 않았다. 혁명파의 송교인(宋敎仁)이 국민당을 조직하여 국회 내에 다수의 세력을 차지하게 되니까 정당내각의 출현을 겁내서 송교인을 암살하고 말았다. 그리고 일본을 비롯한 구미 열강으로부터 거액의 차관을 받아 남부에서의 혁명파 운동을 탄압하였다. 그는 열강의 지지를 받아서 스스로 제위를 이으려고 했으나 그 계획은 실패로 돌아가고 민국 5년에 죽었다. 원세개가 죽은 뒤 중화민국은 어쨌든 대총통 밑에서 형식적으로는 통일국가의 형식을 갖추고 있었지만 사실상은 국내 각지에 사병을 가진 군벌이 할거하고, 더욱이 이 군벌들은 제각기 외국 세력과 연결되어 결과적으로는 중국의 식민지화를 조장하는 앞잡이가 되었다. 일본과 손잡은 단기서(段祺瑞)나 장작림(張作霖), 영국과 오패부(吳佩孚) 등의 관계는 그 좋은 보기였다. 이러한 상태는 장개석이 이끄는 중국 국민당이 중국을 통일하는 민국 17년(1928)까지 계속되었다.

5·4운동과 민중의 자각

물론 이러한 혼란 속에서도 크게 바뀌어가는 세계 정세는 중국에 영향을 주지 않을 수 없었다. 특히 제1차 세계대전 중 유럽의 열강들은 중국에 개입할 수 없었고 그 때문에 중국에서는 민족자본에 의한 상공업이 발달하여 일반 대중의 자각은 급격히 높아지게 되었다. 유럽 열강이 중국에서 퇴각하자 그 뒤에 미국과 일본이 끼여들었다. 특히 중국의 식민지화에 뒤떨어진 일본은 제1차 세계대전 때는 산동 출병을 행하여 청도(靑島)를 중심으로 독일이 가지고 있던 여러 권익의 양도, 게다가 만주에서의 특권을 확보하기 위하여 21개조의 요구를 중국에 강요했다. 격심한 반대운동이 있었으나 마침내 중국 정부를 굴복시켰다. 대전 말기 1917년에 일어난 러시아 혁명은 또 중국에 큰 영향을 미쳤다. 국내에서의 광범한 노농계급의 대두로 제국주의에 대한 반대운동은 점점 격심해졌다. 1919년 파리에서 열린 평화회의에 중국은 조차지(租借地)와 조계(租界)의 반환, 주둔군의 철수, 관세권의 자주, 21개조의 철회 등 중국과 체결된 불평등조약의 취소를 요구하였으나 연합국에 의하여 모두 거부되었다. 당시 프랑스에는 많은 중국 유학생이 있었는데, 이들은 본국의 학생과 호응하여 파리 강화조약을 반대했다. 또 국내에서는 북경의 대학생이 민중의 선두가 되어 데모를 했는데 그 해 5월 4일에 학생들은 군대와 충돌하여 많은 희생자를 냈다. 이것이 유명한 5·4운동의 발단이며 반제(反帝)운동은 날이 갈수록 심해졌고 21개조를 강요한 일본에의 반감이 강해져서 일본 상품에 대한 배척이 전국적으로 파급되었다. 이 운동을 지지한 것은 이미 학생을 중심으로 한 인텔리들만이 아니었다. 도시를 중심으로 한 상인과 일반 대중이 결속하여 반제운동에 일어섰다. 이러한 의미에서 5·4운동은 근대 중국의 역사에서 매우 중요한 의미를 갖는다. 손문을 중심으로 하는 중국국민당의 결성은 5·4운동이 일어난 1919년 가을의 일이었다.

전면 서양화에의 움직임과 그 반동

나중에 공산주의자가 된 진독수(陳獨秀)는 민국 4년에 잡지 《신청년(新靑年)》을 발행하여 전면적으로 전통문화를 부정하고, 그것을 대신하는 것으로서 민주주의와 과학을 존중해야 한다고 계속 주장했다. 민주주의를 덕선생(德先生), 과학을 새(賽)선생이라고 불러 중국의 약체를 구하는 것은 이 두 선생의 숭배 이외에 다른 길이 없다는 것을 중국 지식층에게 불어 넣었다. 이 주장은 많은 지식인의 공감을 불러일으켜 5·4운동을 전후하여 학생층을 포함하는 지식인들이 일체의 전통으로부터 중국을 해방시킨다는 신문화운동을 전개하였다. 그러나 이러한 운동도 결코 순조롭게 발전하지 못했다. 제1차 세계대전 후 유럽 방면에서 물질문명, 나아가서는 과학문명을 부정하는 사상이 일어나게 되면서 양계초(梁啓超)와 양수명(梁漱溟) 등의 유력자가 과학문명의 파산을 선언하고 중국의 전통문화로의 복귀를 부르짖게 되었다. 이에 대하여 호적이나 오치휘(吳稚暉) 등은 전면적으로 서양의 근대 문화를 찬양하면서 이에 반대하였다. 동서문화를 중심으로 한 이 사상적 논쟁은 더욱 발전하여 민국 12년쯤부터 〈과학과 인생관〉을 둘러싼 격심한 논쟁으로 번졌다. 연경(燕京) 대학 철학 교수 장군려(張君勱)를 중심으로 한 일파는 과학은 인생 문제의 해결에 아무런 공헌도 하지 않는다는 입장에서 과학과 과학문명을 부정했으나, 지질학자인 정문강(丁文江)이나 사상가인 호적 등은 형이상학을 부정하고 과학적 인생관을 제창하여 과학 옹호의 입장에 섰다. 이 논쟁은 호적 등의 승리로 끝났다고 생각해도 좋지만 남경 천도에 의하여 중국의 정치정세가 일단락된 무렵부터 다시 모습을 바꾸어서 나타나게 된다. 즉, 민국 24년에 발표된 〈10교수 선언〉에서 발단된 중국 본위 문화의 논쟁이다. 이것은 장군려처럼 과학 부정의 입장을 취하는 것은 아니지만 동시에 종래의 구미를 모범으로 하는 것도 아니다. 중국 본위 문화 건설은 한편으로는 중국의 고유 문화를 보존하고, 다른 한편으로는 구미 문화를 흡수하여 중국은 중국으로서의 문화를 건설하려는 것으로 새로운 민족적 자각 위에 선 것이라고 하겠다. 이러한 방침 아래 과학의 연구가 조직적으로 행해지려던 때에 중일전쟁이 일어났다. 민국 초년 이래 매우 어려운 정세하에서 교육기관이나 연구기관을 설립하여 과학 연구의 기초는 조금씩 굳어져가고 있었다. 번역과학서에 있어서도 청말과 비교할 때 훨씬 정도가 높은 것이 출판되어 중국인 스스로가 과학 연구에 의욕을 높여가고 있었다. 이러한 정세를 단번에 부순 것이 일본의 군벌에 의한 침략이었다. 1931년의 만주사변으로 시작하여 제2차 세계대전이 끝나는 1945년까지, 일본은 큰 손해를 중국에게 주었던 것이다.

정정 불안에 의한 과학에의 무관심

아편전쟁 이후 중국은 열강의 침략을 받아서 심한 어려움이 계속되었다. 서양의 과학기술에 의하여 국력을 강화한다는 주장은 중화민국이 되어서도 계속되었다. 장래에의 밝은 전망이 없었던 것은 아니었지만 과학기술의 섭취는 결코 충분한 것은 아니었다. 중국에서는 왜 과학기술이 발달하지 않는가, 또 왜 옛날에는 훌륭한 업적을 올린 중국이 과학기술면에서 후진국이 되었는가 하는 반성이 지식인들 사이에서 논의되었다. 같은 문제는 중국에 관심을 가진 일본인이나 구미인들 사이에서도 논의되었다. 여기서는 잡지 《개조(改造)》(1928)에 실렸던 기노시다 모쿠다로(木下杢太郎)의 글을 인용해 보자. 잘 알려져 있는 바와 같이 그는 의학 박사이며 본명은 오오다 마사오(太田正雄)이고 대정 말기에 만주 의과대학 교수로서 중국인 학생들을 가르쳤다. 이 글은 처음에 프랑스인 의학자 르 장드르 Le Gendre에 의한 중국인 학생에 대한 통렬한 비평을 인용한다. 르 장드르는 사천성 성도(成都)의 의학교에서 가르쳤는데 그 경험을 통하여 중국인 학생의 결점으로서 다음과 같은 점을 들고 있다. 첫째는 학생들이 학업에 태만

한 것, 둘째는 자기 만족, 셋째는 순서에 따라서 의학을 배우려고 하지 않는다는 것이었다. 결국 르 장드르는 유럽의 자연과학을 배우는 사람으로서 중국인은 부적당하다고 결론짓는다. 이러한 비관적 논평에 대하여 기노시다는 어느 정도 뉘앙스는 다르지만 중국의 과학 현상에 대하여 역시 비관적이다.

〈민국은 이미 10여 년의 연륜을 쌓았지만 중국인 자신의 손에 의한 자연과학의 교육 및 연구는 아직 일어나지 않았다고 말해도 무방하다〉고 말하고 있지만 그 이유를 중국에 있어서의 정치정세의 불안으로 돌리고 있는 것은 역시 그럴 듯하다. 〈중국 학생이 자연과학을 좋아하지 않는 것은 중국의 정치정세가 나쁜 것이 최대 원인이다. 왕년에 내가 북경에서 그곳 대학의 주작인(周作人) 교수를 만났을 때 그는 문과에 입학한 학생의 거의 전부가 법과로 옮겼다고 불평하고 있었다. 지금이야말로 중국에서의 입신의 길은 법과를 공부해서 관리가 되는 길밖에 없기 때문에 그렇게 되는 것이다〉라고 말하고, 또 〈나는 중국 청년이 자연과학의 학습에 부적당하다고 생각하지 않지만 중국에 순수한 자연과학이 흥한 것은 전도요원하다고 생각하고 있다〉고 말하고 있다.

중일전쟁 전의 일본의 많은 지식인 중에는 기노시다와 달리 중국인이 과학 연구에 적응할 수 없다고 말하는 사람들이 적지 않았다는 것을 기억하고 있다. 그것은 당시의 중국 전체에 대한 일본인의 멸시와 표리를 이루는 것이다. 이러한 논의가 나아가서는 중국에의 침략을 당연한 것으로 생각하는 마음을 일본인 사이에 일으키게 한 하나의 원인이 되었다고 할 수 있을 것이다. 스스로의 손으로 빚어낸 중국의 정정 불안이 중국의 진보를 가로막은 사실을 일본인들은 확실히 깨닫지 못하고 있었던 것이다. 지리적으로 가장 가깝고 더욱이 예부터 중국문명에 친숙했던 일본인이 중국의 실정을 충분히 이해할 수 없었던 까닭은 무엇이었을까?

이것이야말로 일본인 전체가 깊이 반성하지 않으면 안 되는 문제일 것이다.

6 교육 · 연구기관의 정비

민국의 학제 개혁

중국에 있어서 본격적인 교육기관의 정비는 민국 이후의 일이다. 그 초년에 새로운 학제가 공포되어 4년제 초등소학교 위에 3년제 고등소학교 및 4년제 중학교가 설치되었다. 이미 청말의 광서 24년(1898)에 경사대학당(京師大學堂)이 설립되었는데 새로운 학제에 따라서 북경대학(北京大學)으로 개편되었다. 이 무렵부터 전국 각지에 대학이 설립되었다. 그러나 거기서의 교육은 옛 전통을 이어받고 있어서 특히 과학교육은 충분하지 못했다. 민국 11년에 학제는 크게 개정되어 교과 내용도 많이 변경되었다. 이 새로운 학제는 그 후의 본보기가 되었다. 그에 의하면 6년제 소학교 위에 6년제 중학교가 설치되었는데 모두 초급 4년과 고급 2년으로 나뉘어 있었다. 중학교와 같은 수준의 학교로는 사범학교와 각종 직업학교가 있었다. 중학교 위에는 6년제 또는 7년제 대학이 설치되고 따로 4년제 또는 5년제의 고등전문학교가 있었다. 중국의 대학은 모두 종합대학을 가리키는 것으로 인문 · 사회계 및 자연과학계 학부를 갖춘 것이어서 단과대학에 해당하는 것은 모두 전문학교라고 불렸다. 각지에 설립된 대학 중 북경의 북경대학, 청화(淸華)의 청화대학, 남경의 중앙대학(中央大學, 나중에 南京大學)은 이과계 학부에서, 또 천진의 북양(北洋)대학, 상해의 교통(交通)대학은 공과계 학부에서 우수한 학생을 길러냈다. 그 중에서 청화대학은 미국이 북청사변의 배상으로 받은 돈을 기금으로 설립한 것으로 졸업생 중 많은 미국 유학생을 냈다. 민국 17년에 국립으로 되었으나 그 친미적 경향 때문에 때때로 공격의 대상이 되었다. 어쨌든 대학의 설립에 따라서 대학 출신자가 각 방면에서의 지도자가 되는 길이 열리게 되었다. 대학의 학생은 엘리트였고 사회에 대한 발언권이 강했다. 5·4운동의 중심이 북경의 대학생이었던 것은 단적으로 이것을 말한다. 그 후에도 가끔 정치운동의 중심적 역할을 대학생이 했다.

학회와 연구기관의 설립

학교의 정비와 함께 학회와 연구기관이 차례로 생겼다. 주로 외국 유학생이 이에 앞장 서서 활약했다. 민국 5년에는 영국과 독일 유학에서 돌아온 지질학자 정문강과 일본 유학을 마친 장홍소(章鴻釗) 등의 노력으로 북경에 지질조사소가 개설되었다. 물리, 화학과 같은 정밀과학과 달라서 실지(實地)조사를 하는 지질학은 비교적 들어가기 쉬운 학문 영역이었고 더욱이 국내에 매장된 많은 지하자원으로 인해 국가적 요청도 있어서 많은 업적을 올리 수 있었다.

지질학의 연구

중국의 지질학적 연구를 제일 먼저 착수한 사람들은 역시 외국인이었다. 청말부터 그러한 연구가 행해졌는데 1868년에 중국에 건너와서 4년 동안 각지를 조사한 독일의 학자 리히트호헨 Lichthohen은 특히 유명하다. 중국인 학자가 지질 연구를 하게 된 것은 역시 민국 이후의 일로 정부 기관으로서 실업부(實業部)에 지질과가 설치되어 이것이 나중에 농상부 지질조사국을 거쳐 다시 실업부 지질조사소로 바뀌었다. 여기서는 지질계와 광산계가 있어서 지질조사와 함께 자원조사가 중심이었다는 것이 엿보인다. 그러나 농상부에 소속되어 있던 시대에 초청된 스웨덴의 학자 안데르손은 선사시대의 연구에 빛나는 성과를 거두었다. 즉, 하남성의 앙소에서 채도를 발견하여 중국 최고의 농경문명의 유적을 소개하였다. 또 주구점(周口店)에서 북경원인의 자취를 찾은 것도 그가 처음 한 일이었다. 이 지질조사소를 중심으로 한 지질연구는 중화민국시대에 있어서도 가장 성과를 올린 부분이며 여러 방면에 걸친 업적이 출판되고 있다.

중앙연구원의 설립

지질학과 함께 초기에 개척된 과학 분야는 생물학이다. 이 분야에서는 미국 유학에서 돌아온 학자 그룹에 의하여 민국 4년에 학회가 조직되고, 그 후 민국 11년에 남경생물학연구소가 설립되었다. 또 의학은 이미 청말 이래 프로테스탄트 선교사를 중심으로 병원이 세워져 그 부속시설로서 소수의 중국인 의사를 양성해 왔다. 민국 4년에는 외국 유학생을 중심으로 근대적 의학을 습득한 의사에 의하여 의학협회가 만들어졌다. 그러나 전통의학의 세력이 강해서 치료시설이나 의학교육은 오히려 미국을 중심으로 한 외국인 손으로 운영되었다. 그러나 전반적으로 보아서 남경생물학연구소가 생긴 민국 11년경부터 과학교육과 연구기관 및 학회 등의 설립은 활발해져서 16년에는 그 절정을 이루었다. 이것은 장개석에 의한 중국의 정치적 통일이 완성되기 전 해여서 국내의 안정이 가져온 학문 활동의 융성을 나타내는 것이다. 다음 해인 17년(1928)에 국내 통일이 완성되자 국민정부는 남경을 중심으로 하여 중앙연구원을 설립하였다. 물리, 화학, 천문, 기상, 지질, 공정, 사회과학 및 역사언어의 여덟 개 연구소가 설치되고 나중에 심리, 동식물의 두 연구소가 증설되었다. 여기에 비로소 중국에 근대적인 종합 연구기관이 설립되었다. 이것은 일본의 학사원(學士院)이나 학술회의(學術會議) 등과 달리 전국의 가장 우수한 학자가 많이 전임으로 연구에 종사하였으며 소련의 과학 아카데미와 비슷한 기관이었다. 이때까지의 연구기관은 지질조사소를 제외하면 충분한 자금의 혜택도 없었고 정치정세의 불안 속에서 근근히 연구를 계속해서 업적도 올리지 못했다. 중앙연구원의 설립은 중국의 과학연구에 신기원을 이룩하는 것이었다. 자연과학 부문에서 어느 정도의 독창적 연구가 행해졌는지는 모르겠지만, 예를 들면 역사언어연구소의 고고학 부문은 1928-1937년에 걸쳐서 하남성 안양(安陽)의 은허(殷墟, 은대 수도의 유적)의 발굴에 훌륭한 성과를 올렸다. 그러나 설립 후 불과 3년 만에 만주사변이 일어나 사변의 진전과 더불어 점점 연구소의 활동은 어려워졌다. 1937년에 남경이 함락되어 연구소는 중경(重慶), 곤명(昆明), 계림(桂林) 등의 벽지로 분산, 피난하지 않을 수 없었다. 그때부터 제2차 세계대전이 끝나는 1945년까지 중국인 학자의 과학연구는 중단되고 말았다. 전후에 설립된 중국과학원은 이 중앙연구원의 유산을 이어받은 것이다.

제8장

에필로그

새로운 시대를 맞이한 중국

1954년에 제2차 세계대전은 끝났지만 중국에는 아직 혼란이 계속되었다. 국민정부와 중국 공산당 정권 사이의 내전에서 국민정부가 패배하여 1949년 10월 1일 중화인민공화국이 성립되었다. 이 새로운 정부 아래에서 국민정부시대의 중앙연구원의 뒤를 이은 중국과학원(中國科學院)이 성립되어, 이 기관을 중심으로 해서 과학 연구의 새로운 시대를 맞이했던 것이다. 이 중국과학원 산하에 인문, 사회, 자연과학에 관련된 많은 연구소들이 있고 그곳들에 전임(專任) 연구자들이 있어서 연구에 종사했다. 최상급의 학자가 전임연구자로 선정되고 그 외에 대학교수 중에서 우수한 사람이 겸임연구자가 되었다. 또한 아직 미완의 학자가 이곳에서 훈련받았다. 중국과학원은 〈신중국(新中國)〉에 있어서 과학 연구의 중추가 되었다.

중국과학원에서 어느 정도의 과학적 성과가 이루어졌는지 현재의 시점에서 충분히 정리할 수는 없다. 성립된 후 신중국의 역사는 아직 얕고 사회주의혁명의 전도(前途)는 용이한 것이 아니다. 이 점은 1965년에 발발한 문화대혁명에 의해 단적으로 상징되는 것 같다. 신중국 성립 후 중국은 소련으로부터 과학기술 면에서 많은 원조를 받았다. 그러나 1950년대 끝 무렵부터 소련과의 관계는 점차 나빠져서 결국 1960년에 소련 기술자가 중국으로부터 돌아갔다. 그 후 중국과 소련과의 사이는 더 한층 악화되어 서로 한 심한 비난을 쏟아대고 있는 것은 주지하는 바와 같다. 소련과의 단교가 어떤 이유로 일어났는지 필자는 잘 알고 있지 못하다. 그러나 가장 유력한 추측은, 양국간의 국경 문제, 그리고 소련이 처음의 약속을 지키지 않고 원자폭탄 개발에 도움을 주려 하지 않은 점이라고 생각된다. 소련이 동유럽 여러 나라에 대해 취하고 있는 정책으로 볼 때 중국이 원자폭탄을 지녀서 군사 면에서 소련과 대등하게 되는 것을 두려워 했다고 하는 추측은 충분히 고려할 만하다. 그러나 중국은 그 동안에 스스로의 손으로 원자폭탄 및 수소폭탄을 개발하는 일에 성공했다. 예부터 빛나는 문명을 세웠던 중국인은 스스로의 힘에 의해 이 일을 이룩했던 것이다. 전쟁전 일본인은 중국인을 경멸했고, 특히 그 과학적 능력을 극히 낮게 평가했다. 이 점이 잘못이었다는 것은 이제 와서는 확실하다고 말해도 좋겠다. 과거의 중국인이 과학기술 분야에 있어서 수많은 훌륭한 성과를 이룩했고 세계 문명에 기여했다는 점은 이미 이야기한 바와 같다. 과거의 중국은 스스로의 손으로 많은 업적을 이루고 그것을 주변 나라들에 전했다. 외래 문명이 전해지지 않았던 것은 아니지만 그 영향은 극히 약해서, 청말에 이르기까지는 중국 사회와 그 문명을 흔들 수 없었다. 명말청초(明末淸初)에 수입된 과학문명은 양이나 질면에서 종래의 예에 비해 획기적인 것이었다고 말할 수 있다. 그러나 그것을 전한 것은 예수회 선교사들이었고 과학문명의 수입은 단지 그리스도교 포교 수단에 지나지 않았으며, 원래부터 적극적으로 서양문명을 수입하여 과학을 향상시키려는 의도는 없었다. 그들은 때로 중국의 전통문명 앞에 비굴한 태도를 취한 일까지 있었다. 아편전쟁 이

후 서양 제국은 중국의 식민지화를 꾀하여 군사력을 선두로 중국에의 침략을 시작했다. 중국은 서양의 과학문명과 정면으로 대항하고 동시에 그것을 받아들이는 데 열심이 되었다. 그러나 중국의 혼란은 계속되었고 근대화에의 길은 기나긴 어려움의 연속이었다.

전통의학을 통해서 본 과학정책

신중국하에서 중국은 더욱 굳게 스스로의 길을 걸어가고 있는 것으로 보인다. 같은 사회주의에의 길을 걷고 있는 소련에 대해 수정주의자라고 심하게 비난하고 있다. 물론 선진국인 구미 제국에 대해서 문호를 열려고 하지 않는다. 과거 중국인의 외국에 대한 배타적 태도를 〈중화(中華)사상〉이라는 말로 설명한 적이 있었다. 위대한 문명을 세운 중국인들은 중국만이 문명의 꽃을 피운 나라이고 주변의 나라들은 모두 야만으로 본 적이 있었다. 그러나 현재의 중국이 이 같은 독선적인 의식을 계속 지니고 있다고 해석한다면 그것은 분명히 잘못이다. 이와 관련해서 신중국에 있어서의 전통의학의 문제를 예로 들어보고자 한다. 오늘날 과학은 인류의 공유재산이며, 서양의 과학이라든가 중국의 과학이라고 하는 말은 이미 거의 의미를 지니지 않는다. 중국에서 일찍부터 높은 수준의 발달을 이룩한 천문학에 있어서도, 〈중국 천문학〉이라는 말은 과거에만 적용되는 역사적 의미밖에 지니지 않는다. 그런데 중국 의학은, 〈중의(中醫)〉라는 이름으로 불리면서 현재의 중국에서 극히 중요한 역할을 수행하고 있다. 중국에 근대 의학이 수입된 것은 아편전쟁 이후였고, 수입의 중심적 역할을 담당한 것은 미국이나 영국의 선교사들이었다. 그러나 그들은 매우 엘리트 의식이 강했고, 또한 그들의 손에 운영된 병원에서는 중국인 중에서도 상류계급 사람들만이 진료를 받았다. 물론 빈민에 대한 시료소(施療所)도 설치되었지만 그 시설은 충분한 것이 아니었다. 중국인의 눈에 근대 의학은 〈부르주아〉 의학이고 제국주의의 영향을 받은 의학으로 보인 것도 결코 이유가 없는 것은 아니었다. 선교사가 경영한 병원에서는 중국인 의사의 교육과 양성이 행해졌지만, 그런 의사는 극히 엘리트 의식이 강한 〈기술자〉로서 세상에 내보내졌다. 의학 분야에서도 중국의 근대화는 쉽게 진행되지 않았다. 5·4운동 전후부터 전면적인 서양화 운동이 부르짖어지고, 다시 1928년에 국민정부가 성립되면서부터 근대 과학의 연구가 얼마간 조직적으로 행해지게 되었다. 이런 움직임은 당연히 의학 면에서도 나타났다. 그러나 이차 대전이 시작되기 직전인 1939년 현재 근대 의학의 훈련을 받은 의사는 겨우 일만 명에도 달하지 못한 상태였다고 한다.

제2차 세계대전 중 중국의 의학 문제는 극히 심각한 것이었다. 1931년에 강서성 서금(瑞金)에 성립되어 그 후 대장정(大長征)을 겪고 1936년 이래 연안(延安)을 본거지로 한 현 정부치하에서는 의사와 의약품의 결핍은 당연한 것이었고 전통의학에 의지함으로써 비로소 전쟁을 이겨낼 수 있었던 것이다. 1944년 연안에서의 문화와 교육 관련 회의에서 근대적 훈련을 받은 서의(西醫)와 전통적인 중의(中醫)가 서로 협력하여 동시에 근대 의학의 지식을 공부함으로써 중의의 기술적 수준을 향상시킬 것을 모택동(毛澤東)이 지시한 것은 당연했다. 1949년에 성립한 신정부하에서 전통적인 중의의 중요성은 한층 증대되어 왔다. 그것은 결코 편협한 국수주의로부터 나온 것이 아니었다. 서의의 수는 극도로 적었고 그에 반해 중의의 수는 50만 명을 헤아렸다. 따라서 수적으로 말해서 중의를 중시하지 않아서는 안 되었다는 것은 말할 필요도 없다. 그러나 중의의 존중은 역시 중국 독자의 사회구조와 그 위에 서 있는 신중국의 정치적 이데올로기와 결부되어 있다.

중국은 7억의 거대한 인구를 안고 있고 그 대부분이 농촌에 살고 있다. 이 농민 대중을 기반으로 혁명을 수행하고자 하는 모택동이 농촌을 중시하는 의료정책을 취하는 것은 당연하다. 긴 역사를 통해서 농촌의 건강 관리를 수행해 온 것이 전통적인 중의였다. 근대적인 의사는 농민에 대한 애정이 적고, 더욱이 그들은 툭하면 엘리트 의식을 지녀 명성만을 추구하는 일이 많다. 신중국하에서 근대적인 의학 교육에도 전통의학의 교과가 주어져서 그것을 통해 대중에 봉사하는 정신이 심어지고 있다. 1958년에 시작한 대약진(大躍進)시대에는 민간요법이 연구되고 민간의(民間醫)의 역할이 중요시되었다. 전문가의 기술보다도 대중의 지혜를 존중하는 요즘의 움직임을 반영하여, 이 움직임은 현재 아주 활발하다.

현실을 응시하는 정치노선

낡은 전통의학이 존중되는 현상이 중국 지도자의 편협한 국수주의로부터 생겨난 결과라고 보는 것은 분명히 잘못이다. 그것은 중국의 현상을 응시한 결과이며 또한 정치노선으로부터 생긴 방침이다. 그러나 중국에서 근대 의학이 무시되고 있는 것은 결코 아니다. 얼마간 불확실한 정보이지만, 1966년에 있어서 근대적 의학 교육을 마친 의사는 단기 훈련생을 포함하여 53만 명에 이르는데 이는 전통적인 중의에 거의 필적하는 수라고 한다. 신중국의 성립으로부터 20년이 지나지 않는 사이에 50만 이상의 서의(西醫)가 양성되었다고 하는 것은 결코 쉬운 일이 아니고, 그런 의미에서 이 숫자에 어떤 의문이 있다. 그러나 중의를 존중하는 일방 근대적 의사의 양성에 노력해 온 사실을 무시할 수는 없다. 신중국이 과학정책에 있어서 어느 정도 옳은 노선을 밟고 있는 것을 보여주는 것이라고 말해도 좋을 것 같다. 바로 그렇게 되어서 자력에 의해 원자폭탄의 개발이나 인공위성의 발사에 성공하는 일이 생겨난 것이다.

장래에의 기대

현대 문명에 있어서 과학기술은 그 핵심적 존재가 되었다. 과학기술은 사회를 변화시키고 인간의 정신에도 큰 영향을 주고 있다. 과학기술은 현대 사회의 괴물이다. 더욱이 이 괴물은 자연현상이 인간의 의지와 관계없이 일어나는 것처럼 끝도 없이 발전하고 거대화되어 간다. 앞으로의 사회는 과학기술의 진보를 장려하는 것보다도 오히려 그 발전을 어떻게 통제하는가가 더 중대한 문제인 것 같이 생각된다. 중국의 과학문명은 중국 사회 속에서 중국 사회와 함께 발전해 왔다. 과거에는 위대한 발견이나 발명을 이루었지만 오랜 정치적, 사회적 체제가 존속하는 기간 동안은 끝내 중국에서 근대 과학이 탄생하지 않았다. 아편전쟁 이후 긴 고난의 길을 걸어온 중국은 이제 마침내 근대화에의 걸음을 시작했다고 해도 좋다. 그러나 그 길은 일본이 취해 온, 아직 눈앞에 계속되는 길과는 상당히 이질적인 것같이 보인다. 과학은 전 인류의 공유재산이고 일본의 과학이라든가 중국의 과학이라고 하는 말은 전혀 의미가 없다고 말해진다. 그러나 과학문명은 각각의 민족의 역사와 현실에 따라 특수한 전개를 보인다. 특히 신중국과 같이 정치적 이데올로기가 우선하는 곳에서는 이런 경향은 현저해지지 않을 수 없다. 문화대혁명은 거의 종식되었다고 하지만 중국의 장래에는 많은 어려움이 기다리고 있다. 이 어려움을 무릅쓰고 나아가서, 과거 위대한 문명을 만들었던 중국인이 과학문명의 뛰어난 형태를 인류 앞에 전개시켜 줄 것을 기대하고 싶다.

ㅂ

ㅅ

ㅇ

ㅊ

ㅌ

ㅍ

ㅎ

중국의 과학문명

1판 1쇄 펴냄 2014년 8월 22일

1판 3쇄 펴냄 2023년 4월 30일

지은이 야부우치 기요시

옮긴이 전상운

펴낸이 박상준

펴낸곳 (주)사이언스북스

출판등록 1997. 3. 24.(제16-1444호)

서울특별시 강남구 도산대로1길 62

대표전화 515-2000, 팩시밀리 515-2007

편집부 517-4263, 팩시밀리 514-2329

www.sciencebooks.co.kr

ISBN 978-89-8371-687-3 93400